팝업 북

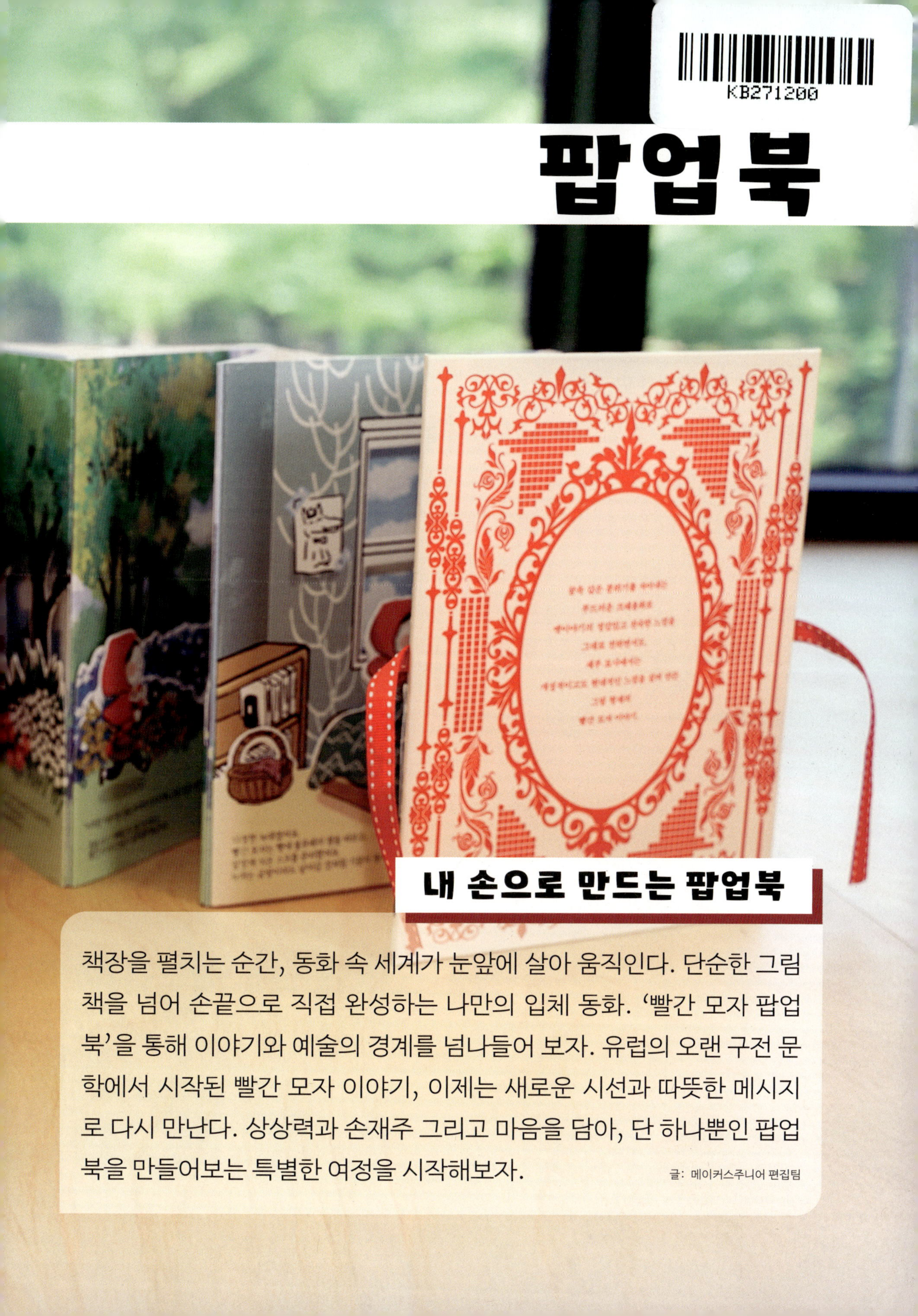

내 손으로 만드는 팝업북

책장을 펼치는 순간, 동화 속 세계가 눈앞에 살아 움직인다. 단순한 그림책을 넘어 손끝으로 직접 완성하는 나만의 입체 동화. '빨간 모자 팝업북'을 통해 이야기와 예술의 경계를 넘나들어 보자. 유럽의 오랜 구전 문학에서 시작된 빨간 모자 이야기, 이제는 새로운 시선과 따뜻한 메시지로 다시 만난다. 상상력과 손재주 그리고 마음을 담아, 단 하나뿐인 팝업북을 만들어보는 특별한 여정을 시작해보자.

글: 메이커스주니어 편집팀

　책을 펼치면 그림이 입체적으로 튀어나오는 팝업북, 혹시 본 적 있으신가요? 팝업북은 읽는 재미뿐만 아니라 보는 즐거움까지 선사하지요. 팝업북은 책이면서도, 책을 넘어선 예술 작품이기도 합니다.

　'팝업북'이라고 하면 주로 어린아이들을 위한 귀엽고 알록달록한 그림책을 많이 떠올릴 거예요. 하지만 서점에 가보면 다양한 팝업북을 만날 수 있습니다. 어른들을 위한 정교하고 화려한 팝업북도 많죠.

　팝업북이 펼쳐질 때의 움직임으로도 우리의 눈길을 사로잡습니다. 팝업북을 감상하고 있으면, 종이만으로 이렇게 놀라운 표현이 가능하다

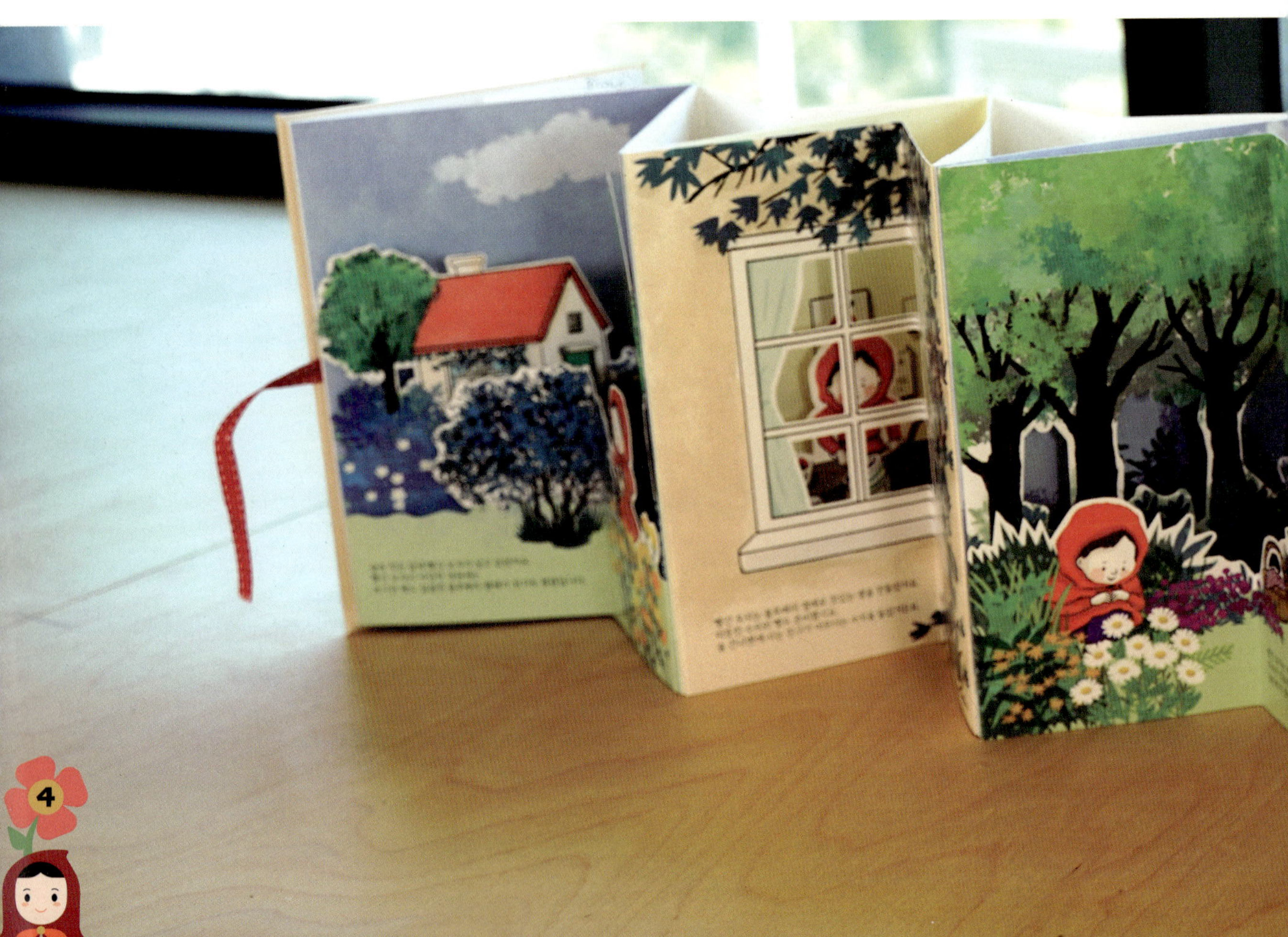

Contents
차례

메이커스 주니어: 08 빨간 모자 팝업북 메이커스 주니어는 동아시아출판사의 브랜드 '동아시아사이언스'의 어린이·청소년 과학 키트 무크지입니다.

펴낸날 2025년 6월 20일   **펴낸곳** 동아시아사이언스   **펴낸이** 한성봉
편집 메이커스주니어 편집팀   **콘텐츠제작** 안상준   **디자인** 최세정
마케팅 박신용 오주형 박민지 이예지   **경영지원** 국지연 송인경
등록 2020년 4월 9일 서울중 바00222   **주소** 서울특별시 중구 필동로8길 73 동아시아빌딩

만든 사람들
책임편집 이동현
표지 · 본문 디자인 김선형

www.makersmagazine.net
cafe.naver.com/makersmagazine
www.facebook.com/dongasiabooks
makersmagazine@naver.com

빨간 모자

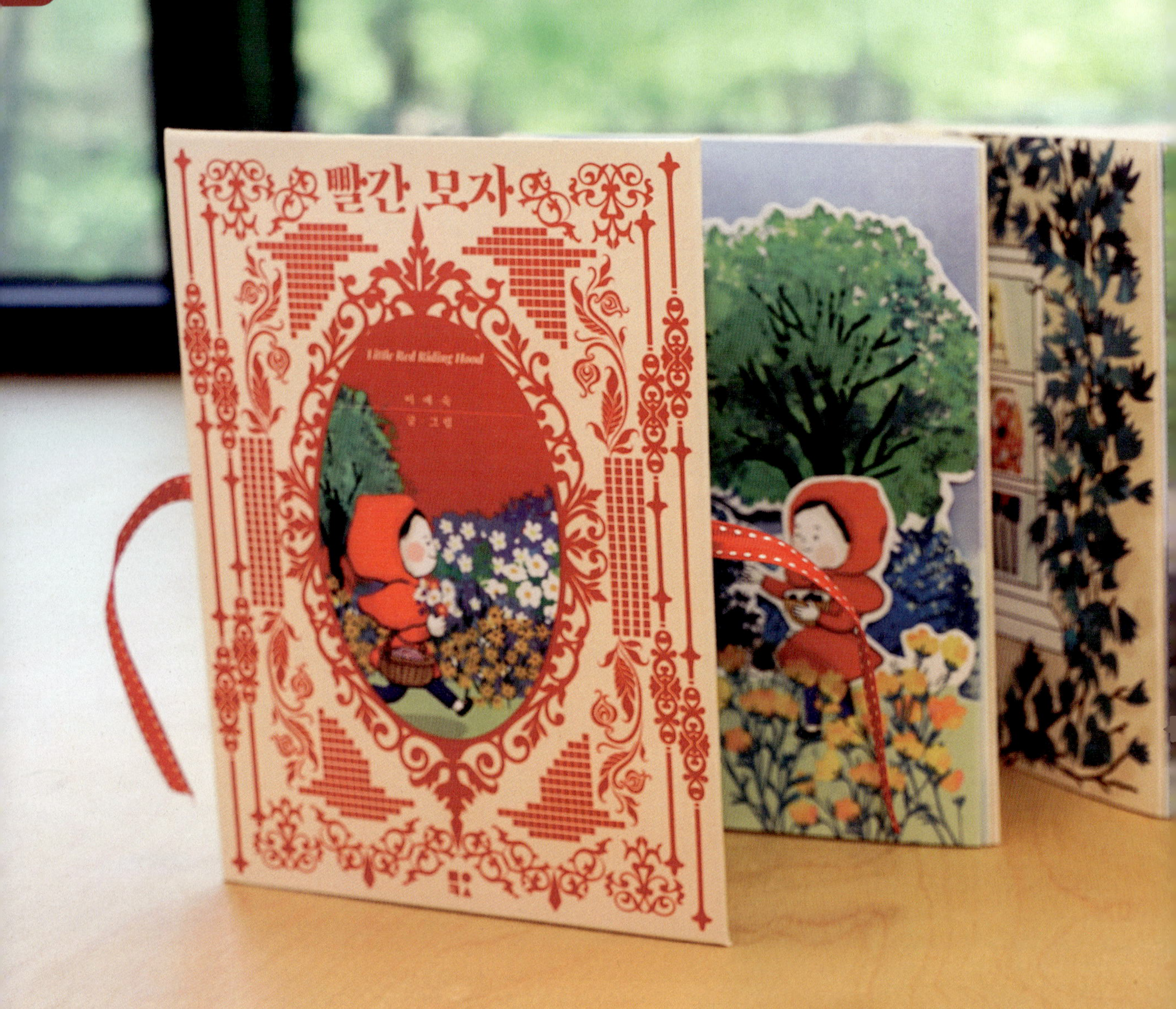

는 사실에 감탄하게 됩니다. 특히 팝업북은 펼치는 방식에 따라 다양한 구조를 가질 수 있습니다. 그 움직임을 보다 보면 마치 상상 속의 세계를 눈앞에서 만나는 듯한 느낌을 줍니다.

이런 멋진 팝업북을 내 손으로 직접 만들어볼 수 있다면 어떨까요? 우리가 만들어볼 것은 바로 '빨간 모자 팝업북'입니다. 이 팝업북 키트는, 전문적인 팝업북 작가가 아니어도 멋지게 완성할 수 있도록 설계되었습니다. 누구나 손쉽게 도전해볼 수 있도록 조립도 비교적 간단합니다. 완성된 팝업북은 360도로 펼쳐져 다양한 각도에서 감상할 수 있습니다. 회전시키며 보는 재미가 쏠쏠합니다.

직접 만든 팝업북은 세상에 단 하나뿐인 나만의 작품이 되어, 보는 이의 눈과 마음을 사로잡을 거예요.

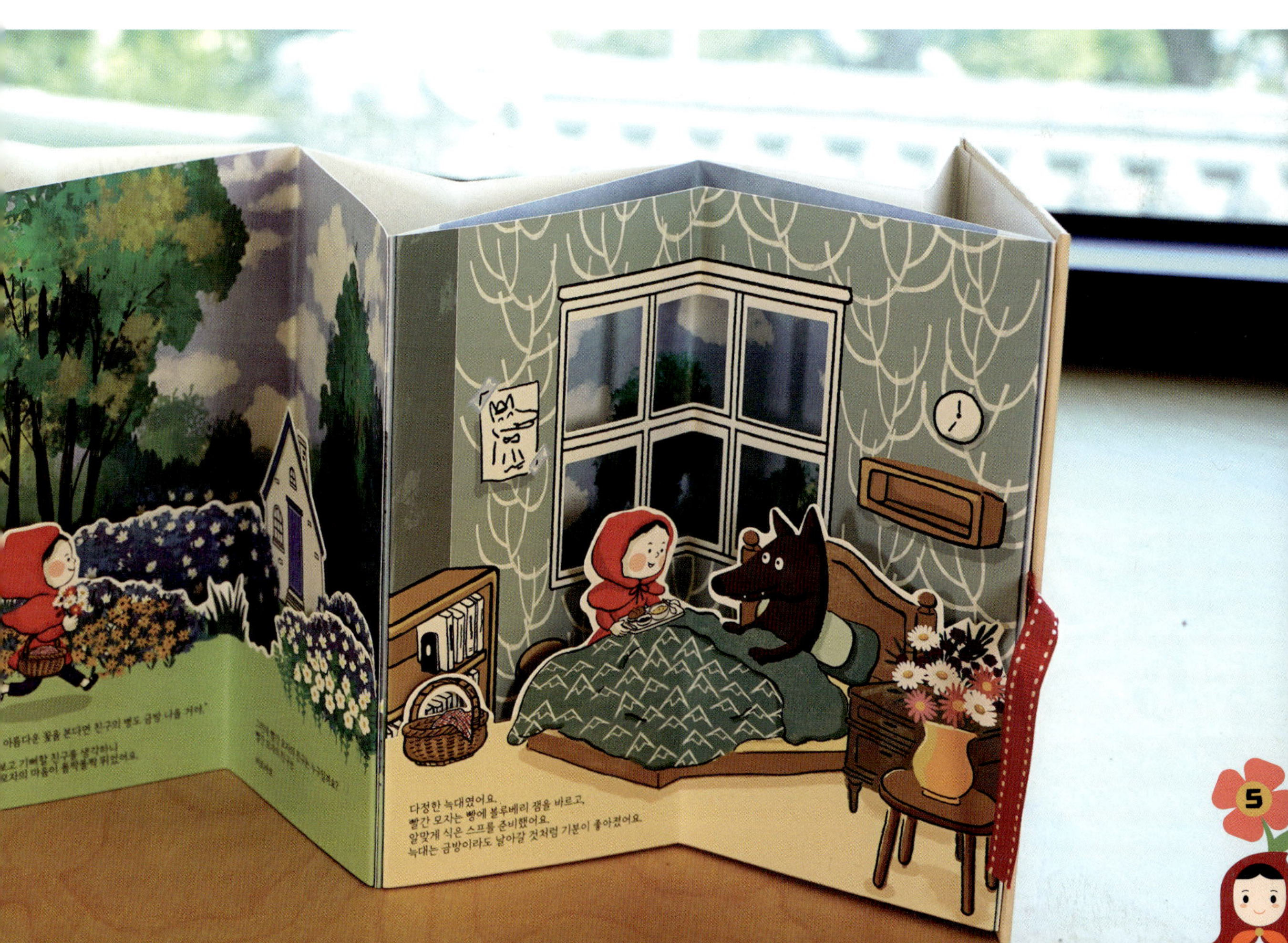

'빨간 모자'는 어떤 이야기일까?

　대부분의 사람들은 '빨간 모자' 이야기를 잘 알고 있습니다. 기원은 유럽의 오랜 민담입니다. 입에서 입으로 전해 내려오던 이야기였지요. 이런 문학 작품을 '구비문학', '구전문학'이라고 합니다.

　이렇게 기록되지 않은 채 전승되던 빨간 모자 이야기를 처음 글로 정리한 사람은 17세기에 프랑스 작가 '샤를 페로(Charles Perrault, 1628~1703)'입니다. 샤를 페로는 빨간 모자 외에도 『신데렐라』, 『장화 신은 고양이』 등도 남겼습니다.

　그러나 샤를 페로의 빨간 모자 이야기는 우리가 익히 알고 있는 것과는 조금 다른 이야기였습니다. 우리에게 익숙한 빨간 모자 이야기는 독일의 그림(Grimm) 형제가 다시 소개한 작품입니다. 그림 형제가 결말을 바꾸어 『그림 동화』로 소개하며 더욱 유명해졌습니다. 그림 형제는 원래 언어학을 연구하던 학자로, 언어를 연구하는 과정에서 독일 곳곳의 민담을 수집했습니다.

　빨간 모자 이야기는 단순한 동화가 아니라 유럽 사회의 배경을 반영합니다. 많은 이들이 이 이야기가 아이들에게 주변 위험을 조심하라는 경고를 담았다고 봅니다.

　이 이야기는 오랫동안 전해 내려오며 다양한 방식으로 재해석되어 왔습니다. 우리가 만드는 '빨간 모자 팝업북'도 바로 이 이야기를 현대 어린이의 시선에 맞춰 새롭게 풀어낸 작품입니다. 전통 이야기와 다른 새로운 결말로 이어집니다.

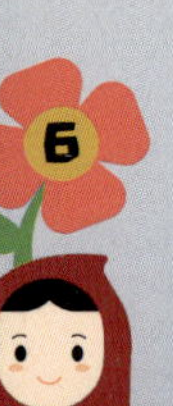

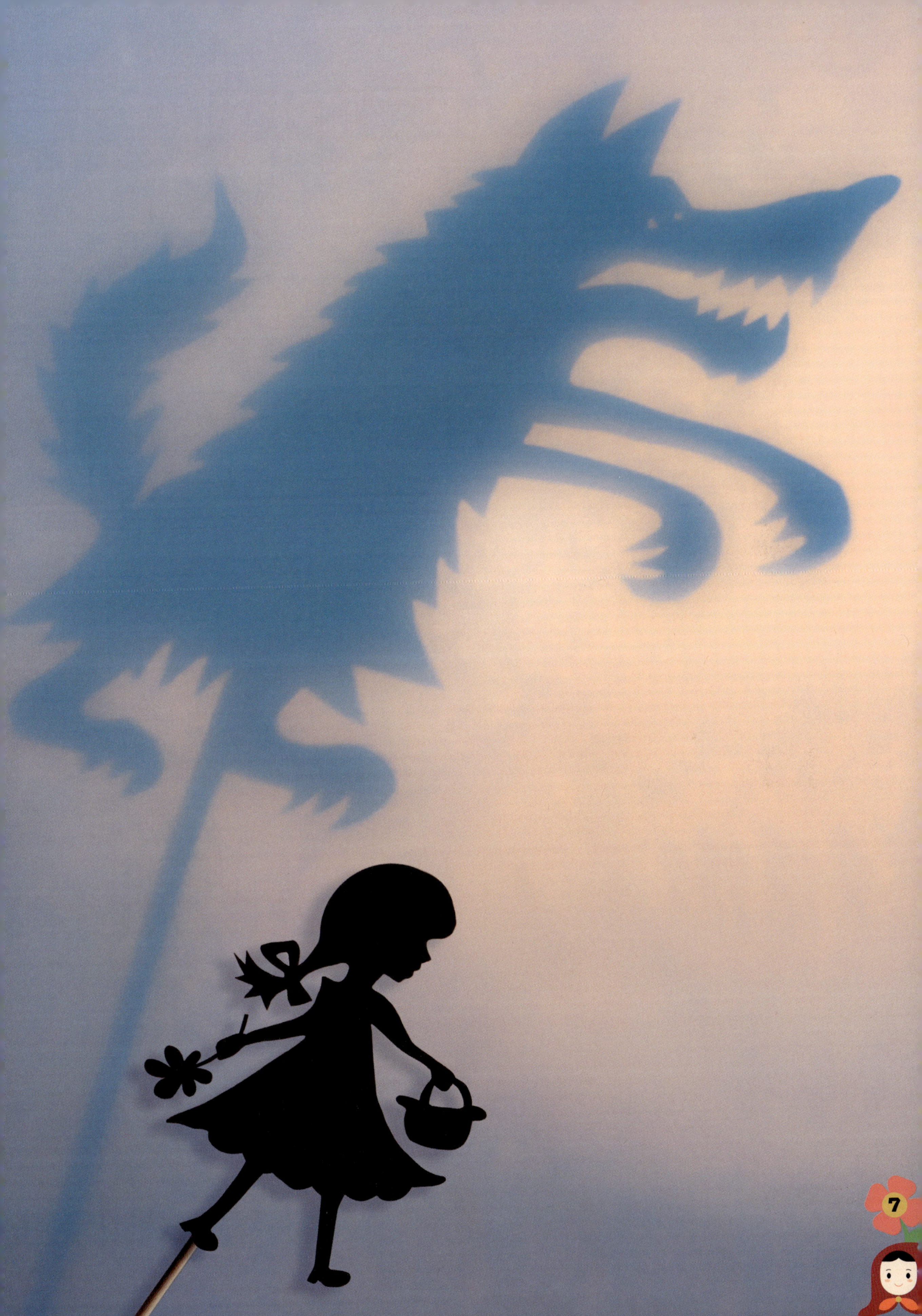

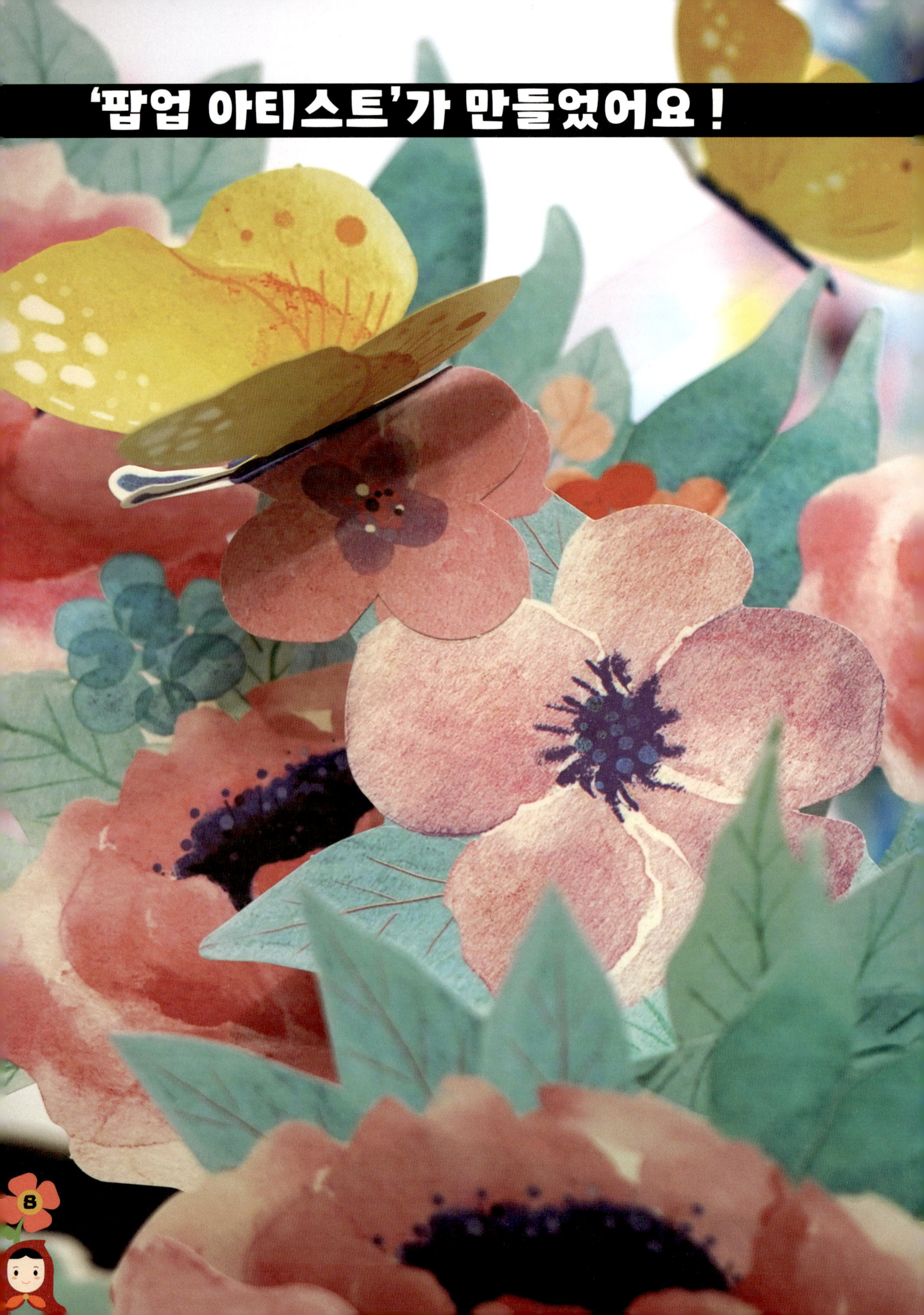

우리가 만들 '빨간 모자 팝업북' 키트는 과연 누가 설계했을까요? 바로 팝업북 아티스트 이예숙 작가가 그 주인공입니다. 이예숙 작가는 오랜 시간 동안 팝업북 창작 활동을 이어오며, 그림책 작가이자 일러스트레이터로도 활발히 활동하고 계신 분입니다.

이번 작품에서 이예숙 작가는 기존 '빨간 모자' 이야기를 새롭게 해석해 우리에게 색다른 시각을 전해주고 있습니다. 원래 빨간 모자 이야기는 낯선 존재나 주변의 위협에 대한 경고를 담고 있는 작품이었지요. 하지만 이예숙 작가는 여기에 따뜻한 메시지를 더했습니다.

우리는 간혹 선입견만으로 타인을 판단하고, 나를 위협하는 존재로 단정하기도 하죠. 이예숙 작가의 빨간 모자 이야기는 서로를 이해하려는 마음을 가지면 편견을 넘어 친구가 될 수도 있다는 가능성을 이야기하고 있습니다. 이번 팝업북은 단순한 동화가 아니라, 어린이들이 타인에 대한 열린 시각을 키울 수 있도록 도와주는 의미 있는 작품이랍니다.

이예숙 작가의 창작 이야기와 작업 과정에 대해서는 38쪽에서 더 자세히 만나볼 수 있으니, 꼭 한 번 읽어보세요!

또 잡지 안에는 '빨간 모자 팝업북' 키트 외에도, 이예숙 작가가 설계한 여러 가지 간단한 팝업을 만들어볼 수 있는 도안이 들어 있습니다. 46쪽을 확인해 주세요. 또한 팝업북에는 다양한 종류가 있답니다. 26쪽에서는 세계의 다양한 팝업북과 그 역사를 살펴볼 수 있어요. ▤

◀ 이예숙 작가의 『다정한 안부, 꽃팝업북』

세계를 잇는 이야기,

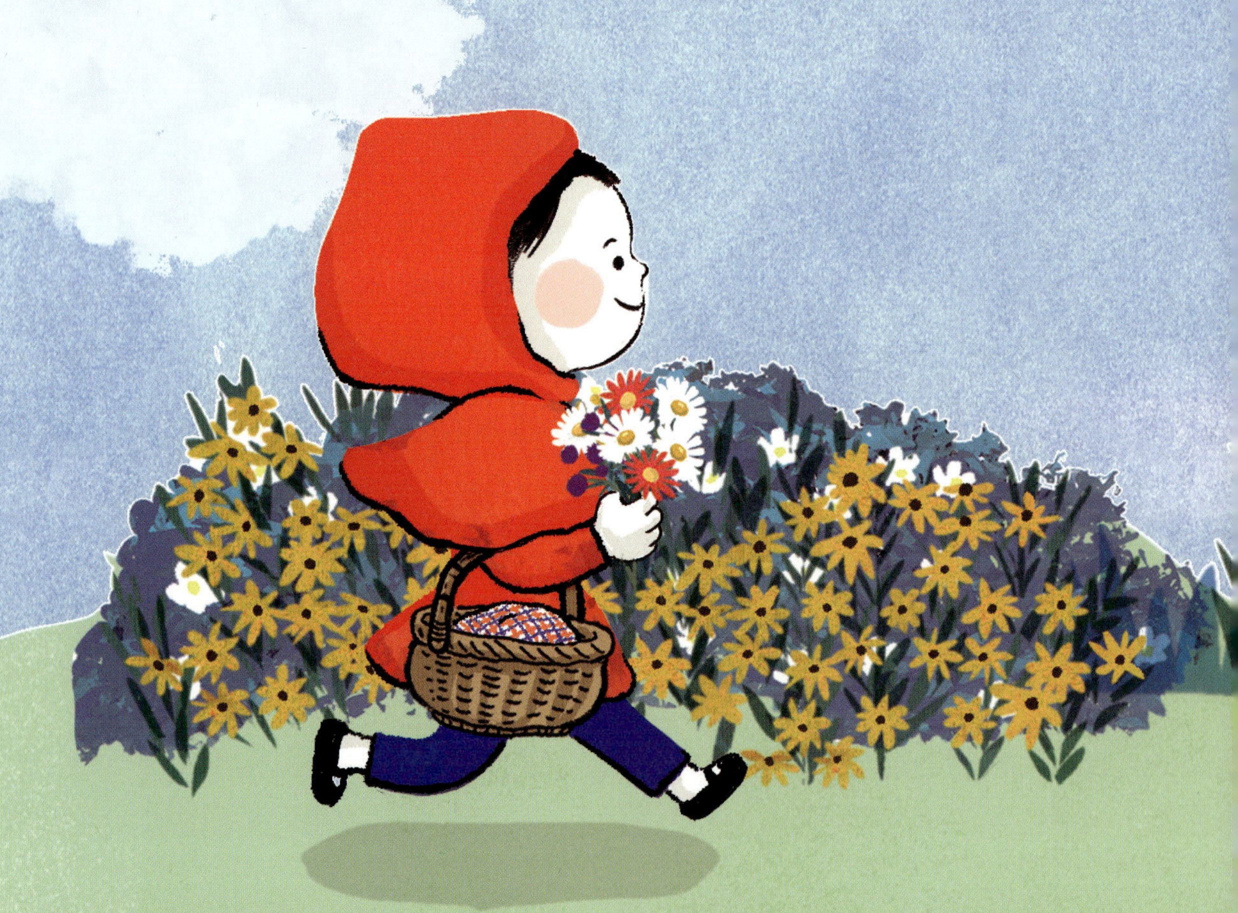

글: 신명호

그림책을 비롯한 시각적 표현의 역사와 표상론을 연구하며 일본 무사시노미술대학(武藏野美術大學)에서 표상문화론을 가르치고 있다. 한국과 일본 양국에서 전시 기획, 번역 등 다양한 활동을 하며 그림책의 역할과 영향을 사회에 알리기 위해 노력하고 있다. 저서로는 한국 최초의 그림책 이론서『그림책의 세계』외 다수가 있다.

빨간 모자

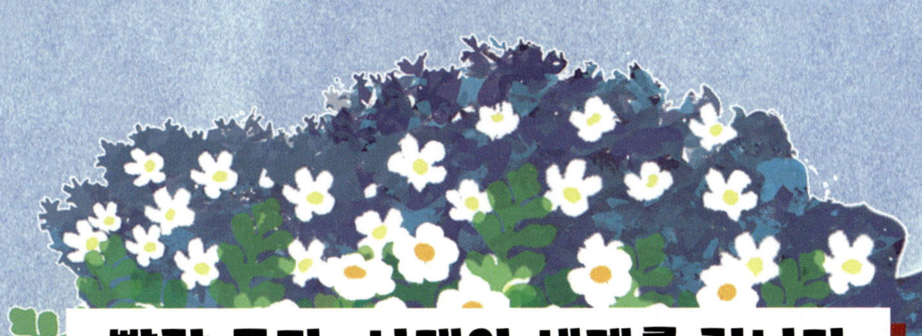

빨간 모자, 시대와 세계를 건너다

'빨간 모자' 동화는 수백 년을 거쳐 재창조된, 시대와 문화를 반영하는 살아 있는 유산이다. 샤를 페로와 그림 형제의 손을 거치며 교훈적인 이야기로 자리 잡은 '빨간 모자'는 각 지역과 시대의 가치관을 담아 다양한 모습으로 변화해 왔다. 이야기의 유래, 여러 가지 재해석, 그리고 동서양 옛이야기와의 연관성에 이르기까지 '빨간 모자'의 전통과 변천을 따라가며 그 속에 담긴 문화적 의미와 시대적 배경을 알아보자.

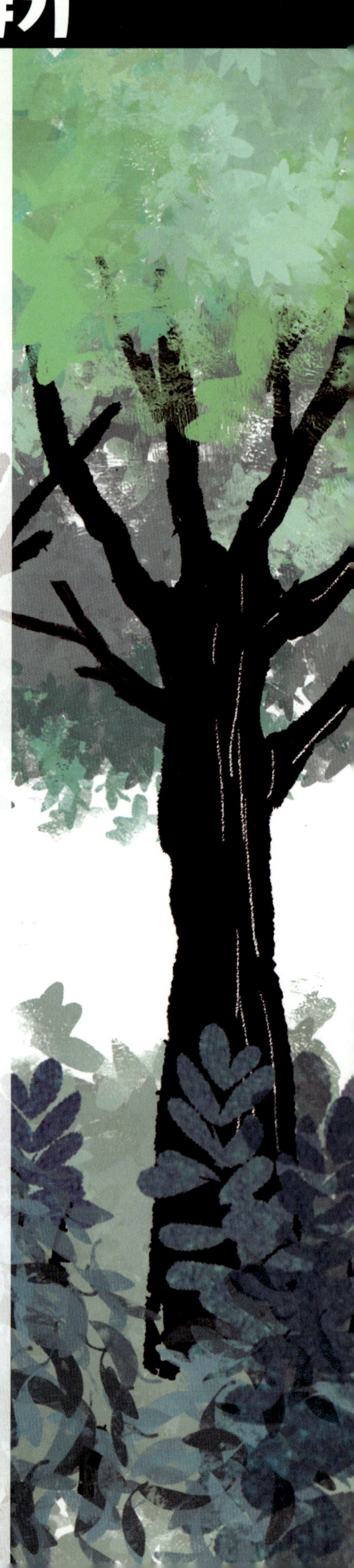

옛날 옛적, 항상 빨간 모자를 쓰고 다녀서 '빨간 모자'라 불리는 한 어린 소녀가 살고 있었습니다. 어느 날 어머니는 병든 할머니를 위해 만든 음식 바구니를 건네주며, 빨간 모자에게 숲 속 할머니 집에 다녀오라고 부탁했어요. 어머니는 당부했지요.

"길을 벗어나지 말고,

낯선 사람과 이야기하지 말거라."

숲길을 걷던 빨간 모자는 우연히 늑대를 만났어요. 친절한 척 다가온 늑대는 어디 가느냐고 물었습니다. 순진한 빨간 모자는 할머니 댁에 간다고 말해버렸습니다. 늑대는 꾀를 내어 빨간 모자를 꽃밭으로 유인한 뒤, 지름길로 먼저 할머니 집에 도착해 할머니를 삼켜버렸습니다. 그리고는 할머니의 옷을 입고 침대에 누워 빨간 모자를 기다렸지요.

잠시 후 빨간 모자가 도착하자, 늑대는 할머

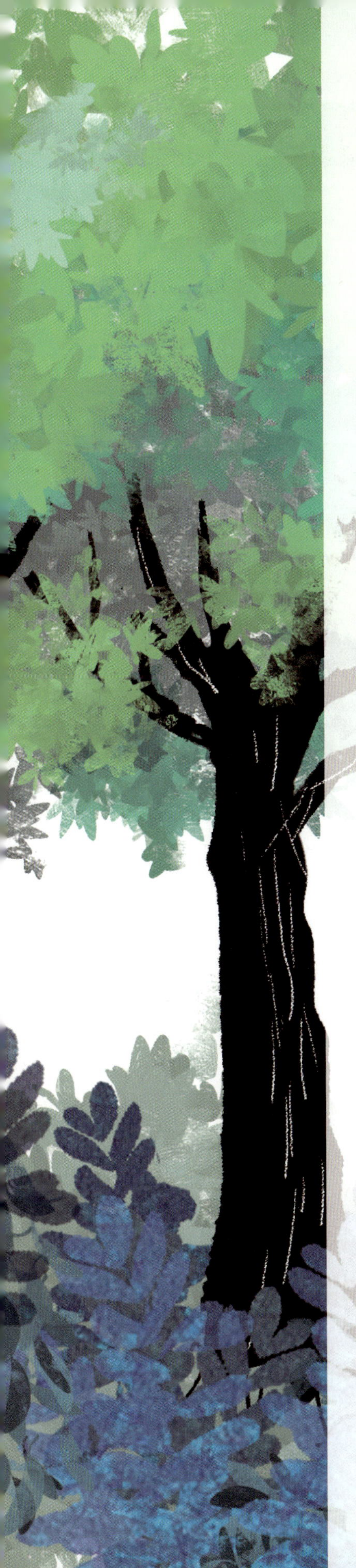

니인 척 했습니다. 빨간 모자는 질문을 했고,
늑대는 대답했습니다.

　"왜 귀가 그렇게 크세요?"
　"네 말을 더 잘 들으려고."
　"그럼 왜 눈이 그렇게 커요?"
　"널 더 잘 보려고."
　"그럼 왜 입이 그렇게 커요?"
　"널 더 잘 먹으려고!"

　늑대는 그 말과 함께 빨간 모자까지 삼켜버
렸습니다.
　이때, 마침 근처를 지나던 사냥꾼이 이상한
소리를 듣고 집에 들어와 늑대를 발견했습니
다. 사냥꾼은 늑대의 배를 갈라 할머니와 빨
간 모자를 무사히 꺼내고, 늑대의 배에 돌을
넣어 다시 꿰매버렸습니다. 할머니와 빨간 모
자는 모두 무사히 살아났고, 깨어난 늑대는
뱃속의 무거운 돌 때문에 쓰러져 죽었습니다.
　그날 이후 빨간 모자는 다시는 낯선 이를 믿
지 않았고, 길을 벗어나지도 않았답니다.

　〈빨간 모자〉 또는 〈빨간 망토〉로 불리는 옛이야기는 오늘날 100여 개도 넘는 변주를 지닌 가장 사랑받는 옛이야기 중 하나로 10세기 이후 유럽에 널리 알려진 구비문학으로 프랑스의 샤를 페로(Charles Perrault, 1628-1703)가 처음 문장화한 〈Le Petit Chaperon Rouge(작은 빨간 샤프롱)〉이 원전입니다.

　정부에서 일하던 페로는 1697년 궁중의 여인을 위해 구비문학을 모아 〈과거와 도덕에 관한 이야기들(Histoires ou contes du temps passé, avec des moralités)〉을 출판, 동화라는 새 문학 장르를 펼쳤습니다.

　〈Le Petit Chaperon Rouge(작은 빨간 샤프롱)〉은 11세기 벨기에에서 정리된 시, 이후 스웨덴의 〈검은 숲 아가씨〉, 14세기 프랑스 농민 이야기, 15세기 잭 크루 궁전 부조에 새겨진 '안전한 마을과 위험한 숲' 서사까지 아우릅니다.

　페로는 〈작은 빨간 샤프롱〉의 시각적 상징과 늑대의 승리라는 결말로 맺었습니다. 검은 모자를 빨간 샤프롱으로, 주인공을 어린 소녀로 바꾸고 천박하고 잔혹한 묘사를 덜어 내어 상류사회 여인에게 어울리는 교훈담으로 다듬었습니다.

　그러나 오늘날 우리가 아는 〈빨간 모자〉는 페로의 이야기가 아니라 100여 년이 지난 뒤 독일의 그림(Grimm) 형제가 재구성한

『Rotkäppchen(빨간 모자의 아기씨)』입니다.

그림형제는 페로 동화를 비롯한 옛이야기를 모아 7차례 수정 끝에 어린이용 옛이야기 컬렉션 〈유치원과 가정 이야기〉를 완성했습니다.

오늘날 전 세계에서 읽히는 〈빨간 모자〉는 1812년 초판 후 1857년에 개정된 판본입니다.

그림형제는 빨간 모자가 케이크와 버터를 들고 숲을 지나며 늑대와 만나 꽃을 따는 모습, 사냥꾼이 구출해 늑대가 빠져 죽는 결말로 고쳐 권선징악을 분명히 했습니다. 늑대는 악, 사냥꾼은 아버지상을 상징합니다. 늑대의 죽음 묘사는 형제가 재구성한 〈늑대와 7마리의 아기 염소〉에서 가져온 장면입니다.

옛이야기 재구성은 현실을 반영해 세계 곳곳의 〈빨간 모자〉를 다채롭게 변주합니다. 아프리카에선 여우·하이에나, 동아시아에선 고양이과 동물, 이란에선 남자아이가 주인공이 되기도 합니다.

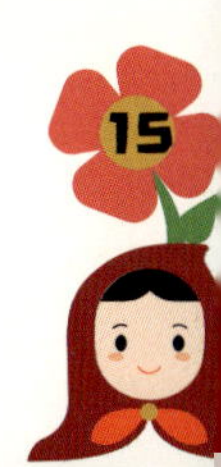

15

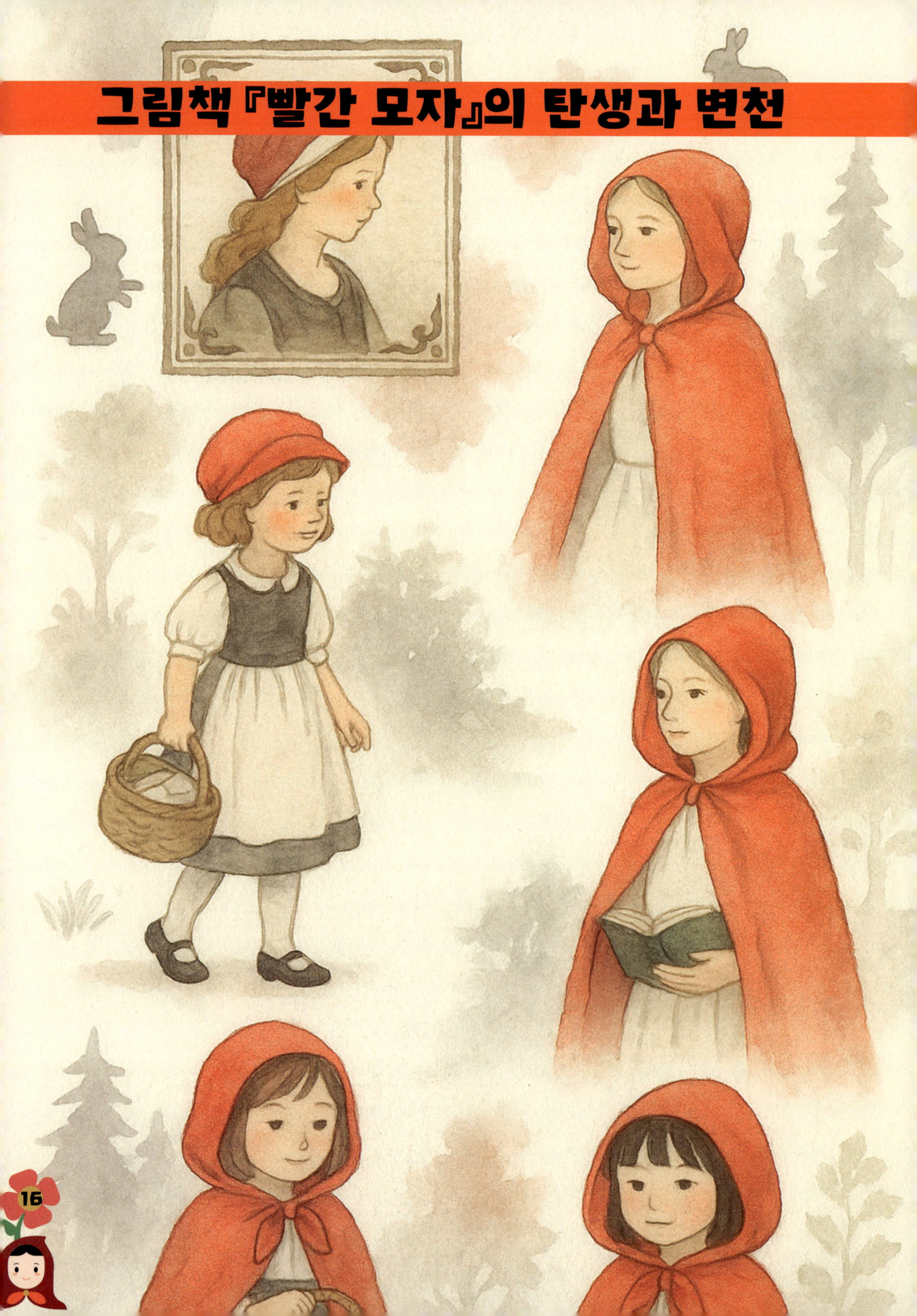

　샤를 페로가 출판한 『빨간 모자』에는 그림이 4컷뿐이며, 대표적인 삽화로는 페로의 문학성을 살린 귀스타브 도레의 작품이 꼽힙니다. 『빨간 모자』는 문학보다 그림으로 이야기를 펼치는 매력적인 소재로 지금까지 수많은 작가들의 재해석이 그림에 담겨 꾸준한 인기와 흥미를 끄는 대표적인 옛이야기가 되었습니다. 초기의 『빨간 모자』는 이야기를 텍스트로 전달하고, 그림은 이미지를 공유하기 위한 수단으로 활용되었습니다. 20세기 이후에는 그림이 이야기 전개의 중심이 되는 소재로 발전하면서, 주인공 설정 역시 작가의 개성과 취지, 의미를 살린 묘사를 통해 작품성과 매력을 드러내는 방식으로 바뀌게 되었습니다.

　『빨간 모자』는 시각 묘사에서도 나라와 문화와 시대를 읽게 합니다. 페로의 『Le Petit Chaperon Rouge』에서는 프랑스에서 즐겨 사용했던 폭넓은 머리띠 모양의 장식을, 그림 동화 『Rotkäppchen』은 챙 없는 모자 켑(käpp)을, 비가 많은 영국의 『Little Red Riding Hood』는 후드 달린 옷을 표현하여 그림만 봐도 어느 나라 작품인지 알 수 있습니다. 또한 주인공 묘사는 사회성을 반영하여 유럽과 미국은 어린이 혼자 외출이 가능한 연령, 성을 의식하는 소녀로, 동양에서는 유치원 또는 초등학교 저학년으로 묘사되어 첫 심부름의 대견함을 이야기합니다.

　옛이야기의 재구성에 따른 시대적 반영은 특히 20세기 후반의 미국 출판물이 인상적입니다. 다양한 패러디와 블랙유머를 담은 작품에는 시대적 감수성과 사회적 기준의 반영이 흥미롭습니다. 예를 들어 빨간 모자의 바구니에 담긴 빵과 꽃, 와인이 빠집니다. 어린이가 술을 나르는 것은 위법이기 때문입니다. 그런가 하면 동물보호주의적 사고는 늑대를 살생하기보다 반성하는 결말을, 페미니즘적 사고는 고령자나 여자를 약자로 보는 것은 차별이라는 이유에서 할머니와 빨간 모자가 늑대와 맞서 싸우거나 설득합니다.

　옛이야기는 어떻게 해석하는가에 따라 묘사가 바뀌며 이야기 메시지도 달라집니다. 〈빨간 모자〉는 이처럼 다양성을 잘 살리는 가장 매력적인 이야기입니다. 여러분 주변에는 어떤 〈빨간 모자〉가 있을까요? 도서관에서 다양한 〈빨간 모자〉를 찾아보세요.

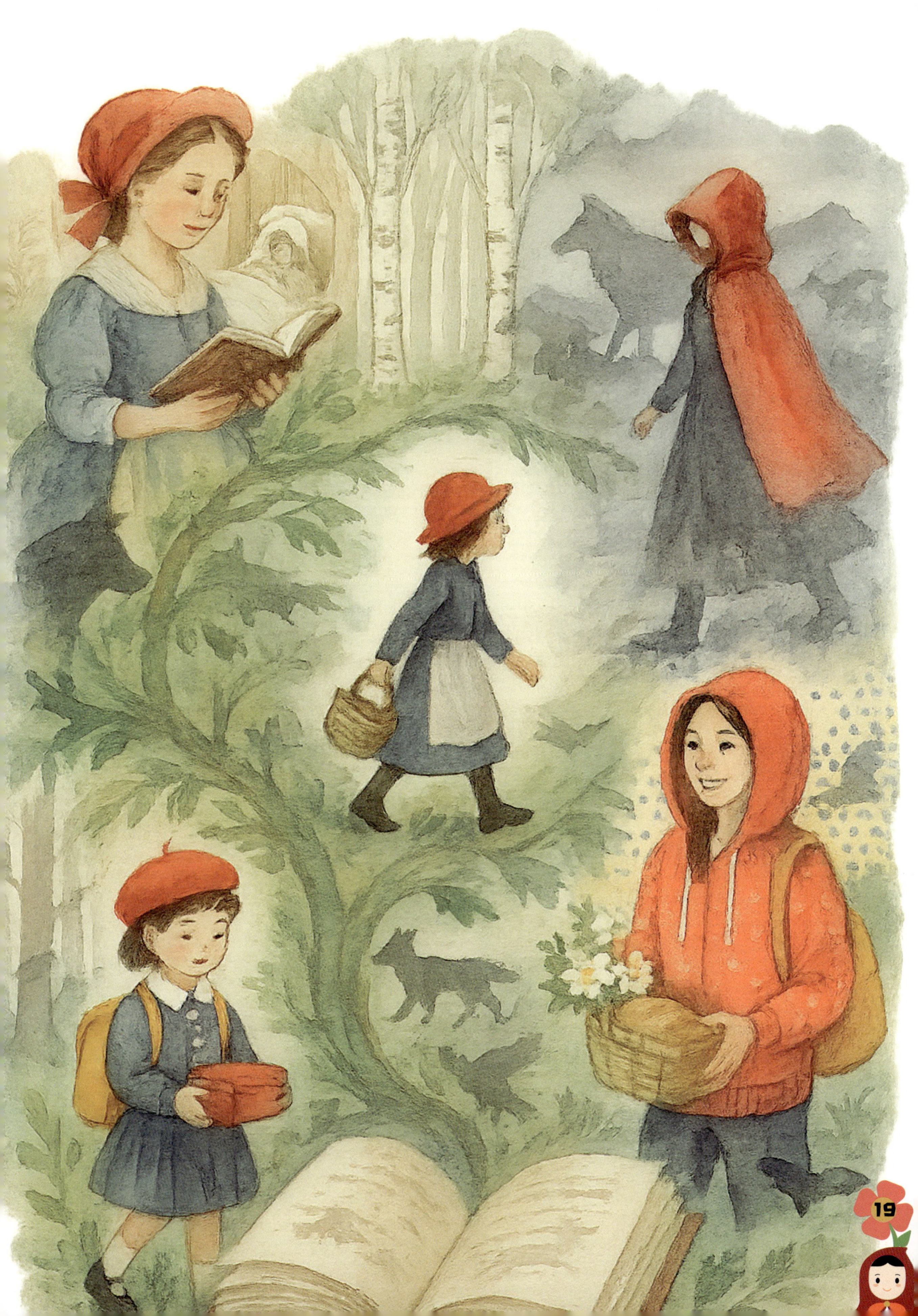

옛이야기의 뿌리와 여정

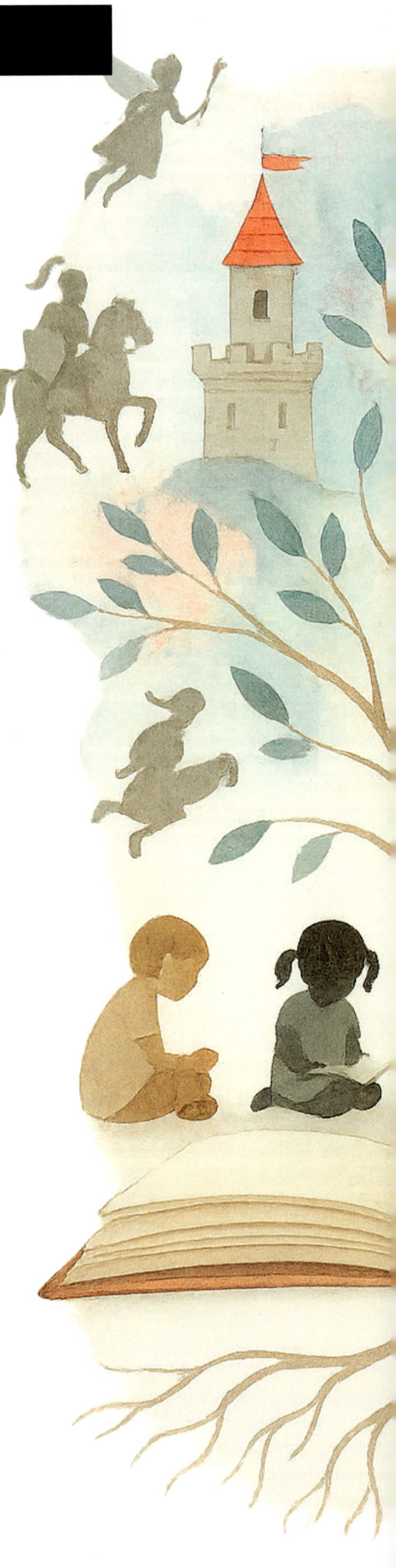

우리가 쉽게 만나고 즐기는 동화 또는 그
림책 이야기는 크게 두 가지입니다. 안데
르센 이야기나 이솝 이야기처럼 작가가
분명한 창작 이야기와, 작가는 알 수 없
지만 옛날부터 전해오는 이야기입니다. 창
작 이야기는 작가의 메시지와 개성적인 문
장이 이야기의 맛과 멋이지요. 그에 비해 옛
이야기는 오랫동안 여러 입을 거치면서 소리
로 전해온 이야기로, 그 안에 유행과 문화와 종
교와 시대 등 다양한 특성과 가치관이 담겨 누가
들려주는가에 따라 개인적 감성과 기분까지 반영
되어 있습니다. 여과되고 다듬어진 문장이 쉽고 기
억에 남는 매력과 함께 리듬과 안정된 틀을 지니
고 있습니다. 그래서 누가 언제 어디에서 어떻
게 이야기를 들려줘도 다소 변화를 가감해도 고
유의 친근함과 맛과 멋이 꾸준한 사랑을 담아
줍니다.

옛 이야기는 어떻게 형성되어 오늘로 전해
졌을까요? 우리가 흔히 즐기는 옛이야기에는
서양의 옛이야기와 동양의 옛이야기가 있습니

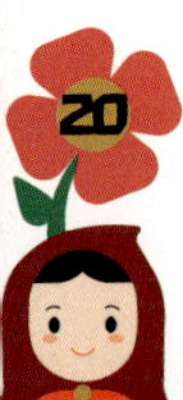

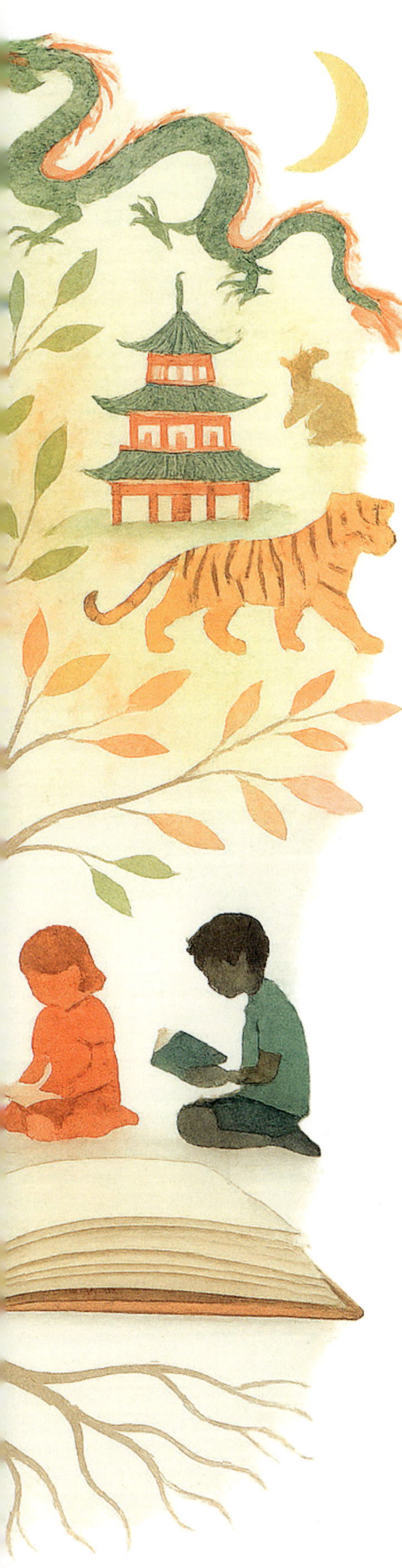

다. 서양의 이야기는 그리스와 로마 신화를 비롯하여 〈헨젤과 그레텔〉〈백설공주〉〈파랑새 이야기〉처럼 마술과 요정과 난장이 같은 초인간이 등장하는 메르헨, 〈로빈 훗의 모험〉〈잭과 콩나무〉〈아서왕의 죽음〉처럼 강한 힘과 기사도 정신을 숭상하는 이야기, 기독교 사상에서 절대적인 선과 악을 펼친 이야기, 그 외에 동양에서 전래되었지만 서양의 문화와 사상이 반영되어 다듬어진 〈신데렐라〉〈용 이야기〉 등이 있습니다. 그에 비해 동양의 옛이야기는 자연주의와 신비주의를 담은 도깨비 이야기, 〈해와 달이 된 형제 이야기〉〈팥죽 할멈과 호랑이〉를 비롯한 토테미즘과 샤마니즘을 담은 이야기, 〈심청전〉〈장화 홍련전〉〈흥부와 놀부〉처럼 불교와 유교 가르침을 담은 이야기, 그 외에 일상에서 체험한 비일상적이며 기이한 경험을 담은 민화와 민담·전설·야화 등이 있습니다. 구비문학의 대부분은 인도에서 시작되어 불교 전래와 함께 중국을 거쳐 전해진 것으로, 오랫동안 문화와 윤리와 종교 가치관이 반영되며 다져진 이야기로서 이야기꾼의 재주와 솜씨로 한층 즐겁고 빛나는 이야기로 즐겨왔습니다.

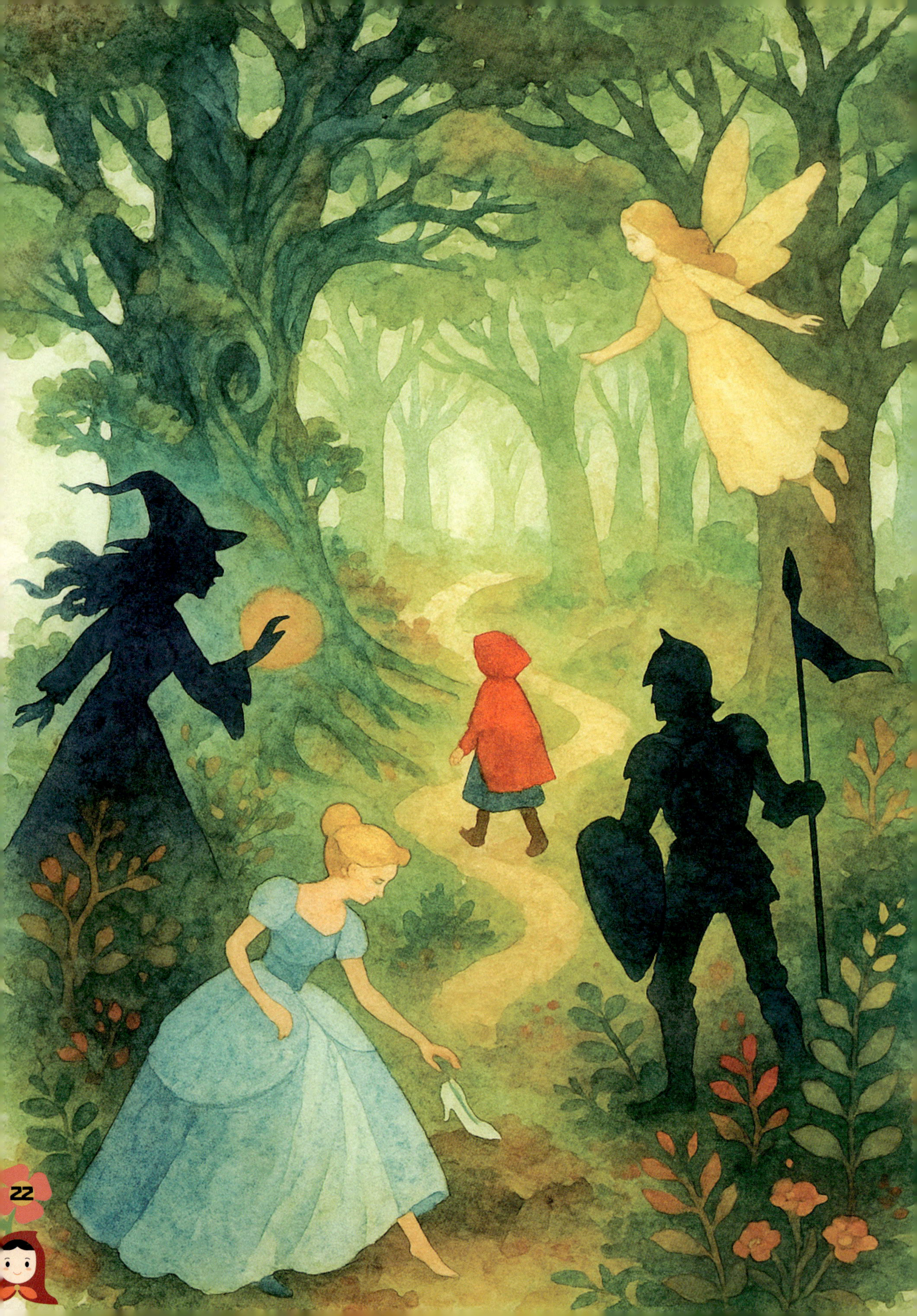

숲이 들려주는 유럽 옛이야기의 매력

구전문학 또는 구비문학으로 불리는 옛이야기는 동서양을 불문하고 어린이를 위해서가 아니라 글을 모르는 평민에게 의미를 전달하기 위한 소리 전달 형식이었습니다. 그러나 19세기 중엽 인쇄술의 발달로 교육 체제가 자리 잡고 식자층이 확대되자 대상이 여성과 어린이로 좁아지며 어린이의 즐길 거리가 되었습니다. 초기 이야기는 대부분 그리스·로마 신화를 비롯해 강한 힘과 용기를 다뤘으나 대부분 사라졌습니다. 이는 구비문학의 주 소비층이 여성과 어린이로 바뀌면서 잔인한 이야기보다 이들이 흥미를 보이는 테마만 남았기 때문입니다.

사회와 문화를 반영하는 옛이야기는 초기의 영웅담에서 중세 기독교 유일신 영향 아래 선과 악, 천국과 지옥 같은 양극과 천사·요정·마녀·요술이 등장하는 판타지로 변했습니다. 예를 들어 〈신데렐라〉는 약하지만 선행을 하면 마녀가 요술로 보답해 절망을 희망으로 바꿉니다. 동양 옛이야기가 산·강·바다를 배경으로 하는 데 비해 유럽 이야기는 숲을 주요 무대로 합니다. 이는 대륙 생활에서 숲이 경계이자 미지의 공간이었기 때문으로, 숲은 악의 산실이자 피난처, 알 수 없는 것의 원천지로 묘사됩니다. 〈빨간 모자〉도 숲을 지나는 모험을 통해 현실적이고 윤리적인 교훈을 전하며 오래 사랑받았습니다.

구비문학은 기록자의 의도와 목적에 따라 사회와 이상을 반영합니다. 현실을 담지 못하면 옛이야기는 즐거움도 매력도 잃고 사라집니다.

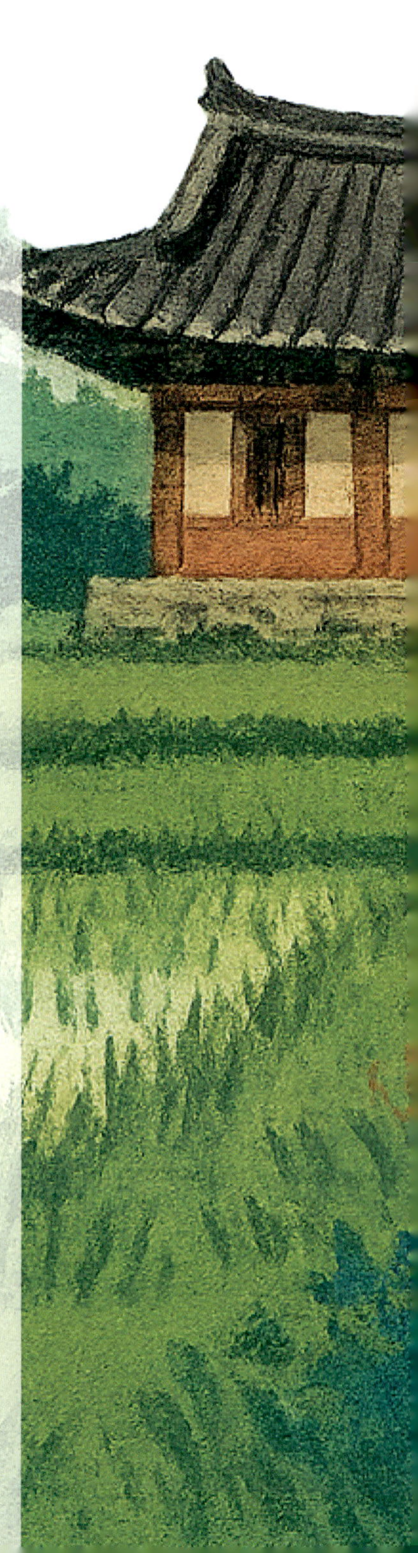

　서양에 비해 동양, 특히 한반도의 구비문학은 기록보다 소리(노래 또는 창이나 이야기) 문화를 즐겨 왔습니다. 한문 중심의 기록 체제로 높은 문맹률을 보이던 만큼, 백성은 단단한 이야기틀을 지닌 구비문학을 때와 장소, 대상, 상황에 맞는 즉흥 연출을 통해 오랫동안 즐겨온 것입니다.

　한반도의 구비문학 문장화는 사회적·환경적 영향으로 한문 기록물인 야사 형식에서, 19세기 말 일부 층의 소일거리였던 필사본 언문 기록물이 20세기 중엽에 이르러 대중의 읽을거리로 제작·보급되었습니다.

　구비문학의 문장화는 예외 없이 문화와 사회의 영향을 반영합니다. 〈신데렐라〉의 예를 들면, 구비문학을 처음 문장화한 이는 프랑스 궁정에서 일하던 샤를 페로로 궁정 여인들에게 도덕심을 심어주려는 목적이었습니다.

　페로는 계모와 이복형제의 심한 차별과 학대 속에서도 착한 마음을 잃지 않은 신데렐라가 왕자와 결혼하는 해피 엔딩으로, 당시 여인들이 꿈꾸던 행복을 상징했습니다.

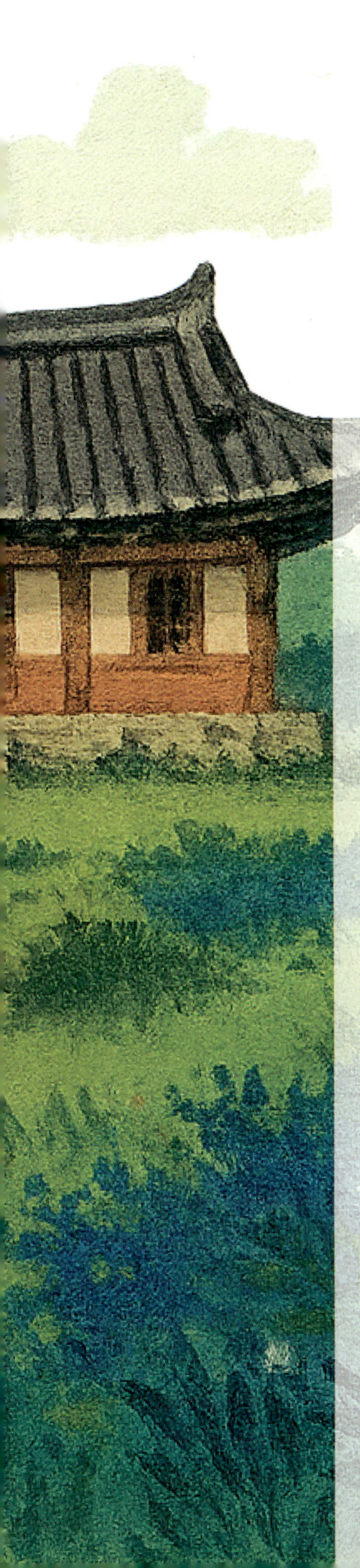

한편 한반도로 전래된 〈콩쥐와 팥쥐〉 역시 어머니를 일찍 여읜 콩쥐가 의붓어머니와 언니들의 학대에도 성실함을 잃지 않아 부귀영화를 누리는 결말로, 이야기 구성과 인물상이 〈신데렐라〉와 매우 유사합니다.

두 작품 모두 '여성의 행복 = 사회적으로 성공한 남성과의 결혼'이라는 테마를 공유하며, 유리구두와 꽃신을 신는 장면이 클라이맥스가 됩니다.

두 이야기의 기원은 중국 민담 〈녹두 아가씨(绿豆姑娘)〉로, 지혜와 용기로 어려움을 극복해 마을 사람을 행복으로 이끄는 자연주의적 교훈을 담고 있어 전족·불교 문화의 흔적을 볼 수 있습니다.

이야기가 실크로드를 지나며 문화·사상이 가미된 〈신데렐라〉와, 중국에서 한반도로 전해지며 불교의 환생·유교의 권선징악이 강조된 〈콩쥐와 팥쥐〉로 분화되었습니다.

〈신데렐라〉의 궁궐·왕자·유리구두, 〈콩쥐와 팥쥐〉의 금은보화·비단옷은 모두 부귀영화의 상징으로, 글을 깨치지 못한 대중의 흥미를 유발하며 생활 윤리와 이상을 전달하는 매개가 되었습니다.

팝업북의 역사

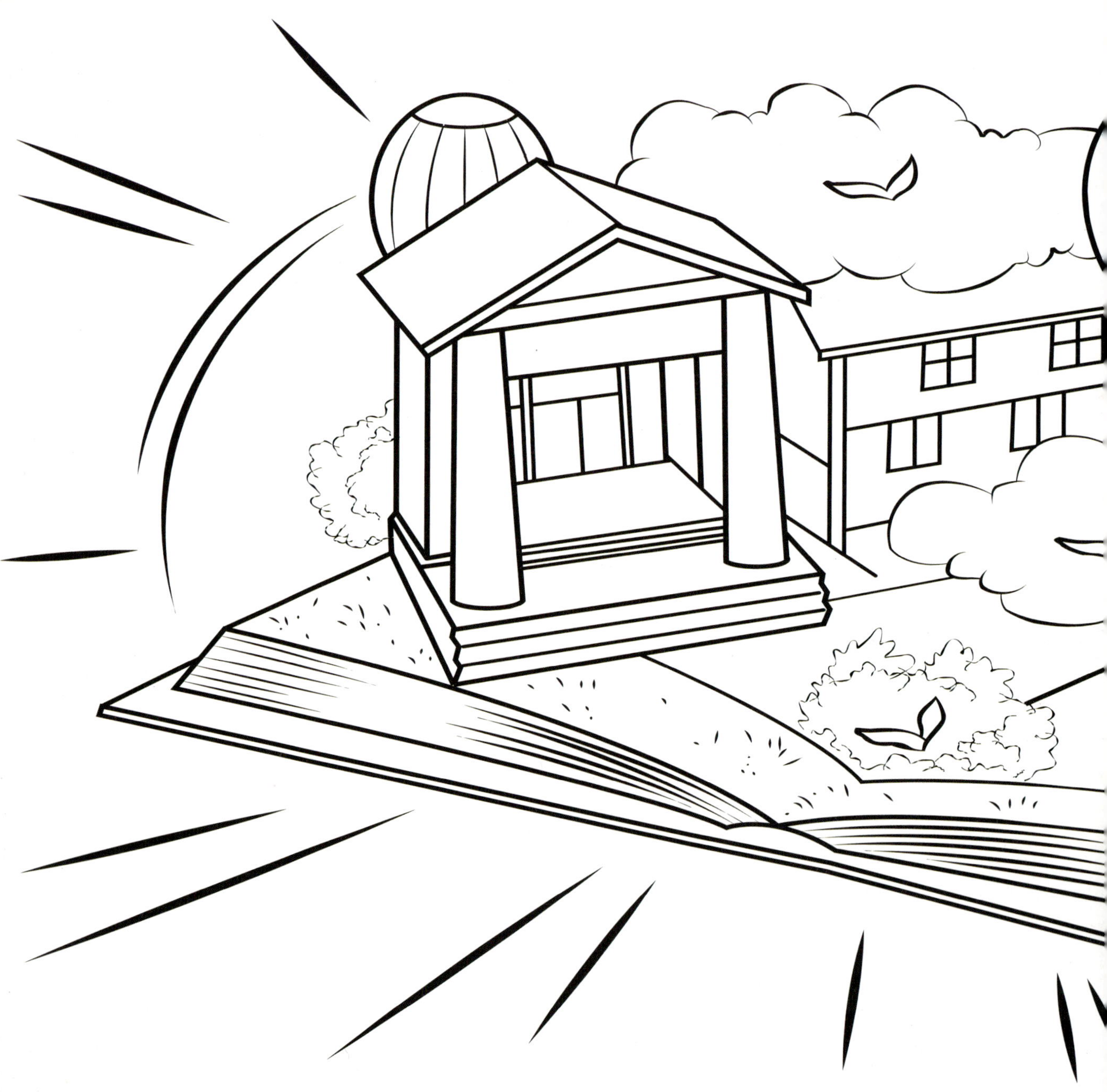

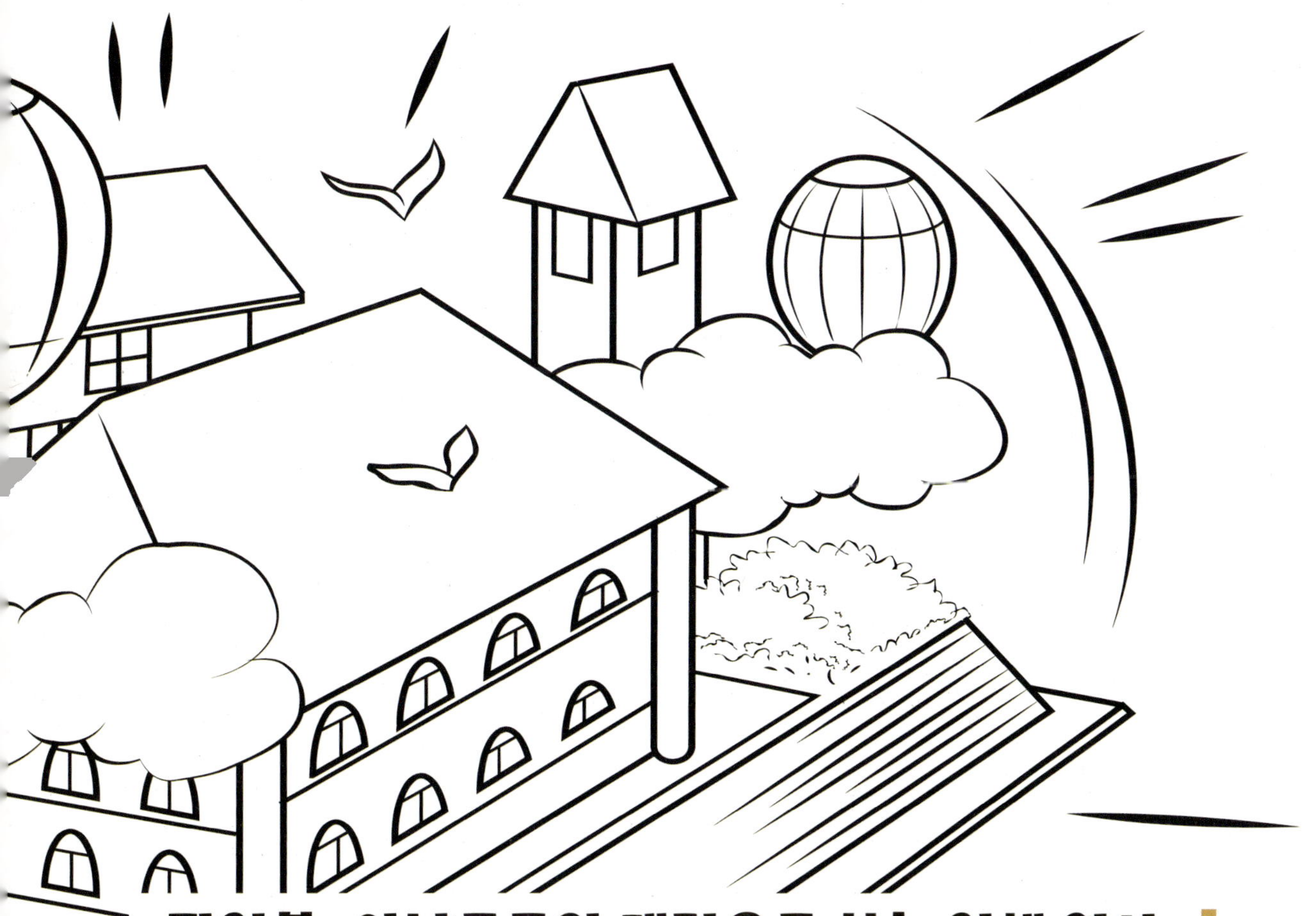

팝업북, 아날로그의 매력으로 보는 입체 역사

'빨간 모자' 동화는 수백 년을 거쳐 재창조된, 시대와 문화를 반영하는 살아 있는 유산이다. 샤를 페로와 그림 형제의 손을 거치며 교훈적인 이야기로 자리 잡은 '빨간 모자'는 각 지역과 시대의 가치관을 담아 다양한 모습으로 변화해 왔다. 이야기의 유래, 여러 가지 재해석, 그리고 동서양 옛이야기와의 연관성에 이르기까지 '빨간 모자'의 전통과 변천을 따라가며 그 속에 담긴 문화적 의미와 시대적 배경을 알아보자.

글: 메이커스주니어 편집팀

돌아가는 우주, 중세 볼벨 팝업북의 탄생

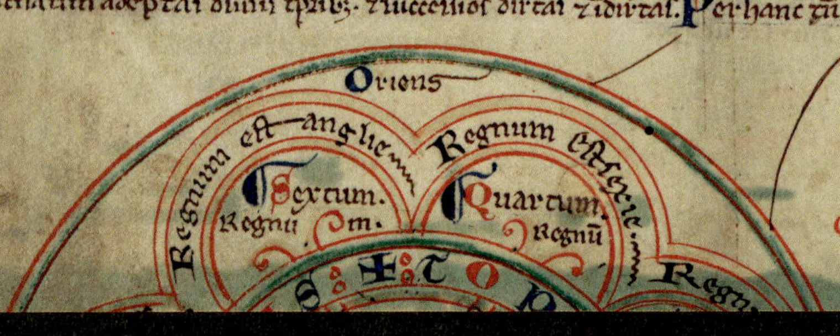

팝업북의 역사는 중세 유럽에서 시작되었어요. 그중 대표적인 예가 바로 매튜 패리스(Matthew Paris, c. 1200~1259)가 만든 『크로니카 마요라(Chronica Majora, 대연대기)』입니다. 이 책에는 중세 유럽 필사본 가운데 보기 드문 볼벨(volvelle) 장치가 포함되어 있어요.

볼벨은 중심축을 기준으로 회전하는 원형 도표인데, 독자가 손으로 돌리면서 볼 수 있습니다. 이 책은 흔히 최초의 '움직이는 책'으로 일컬어지고 있어요.

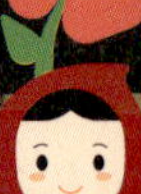

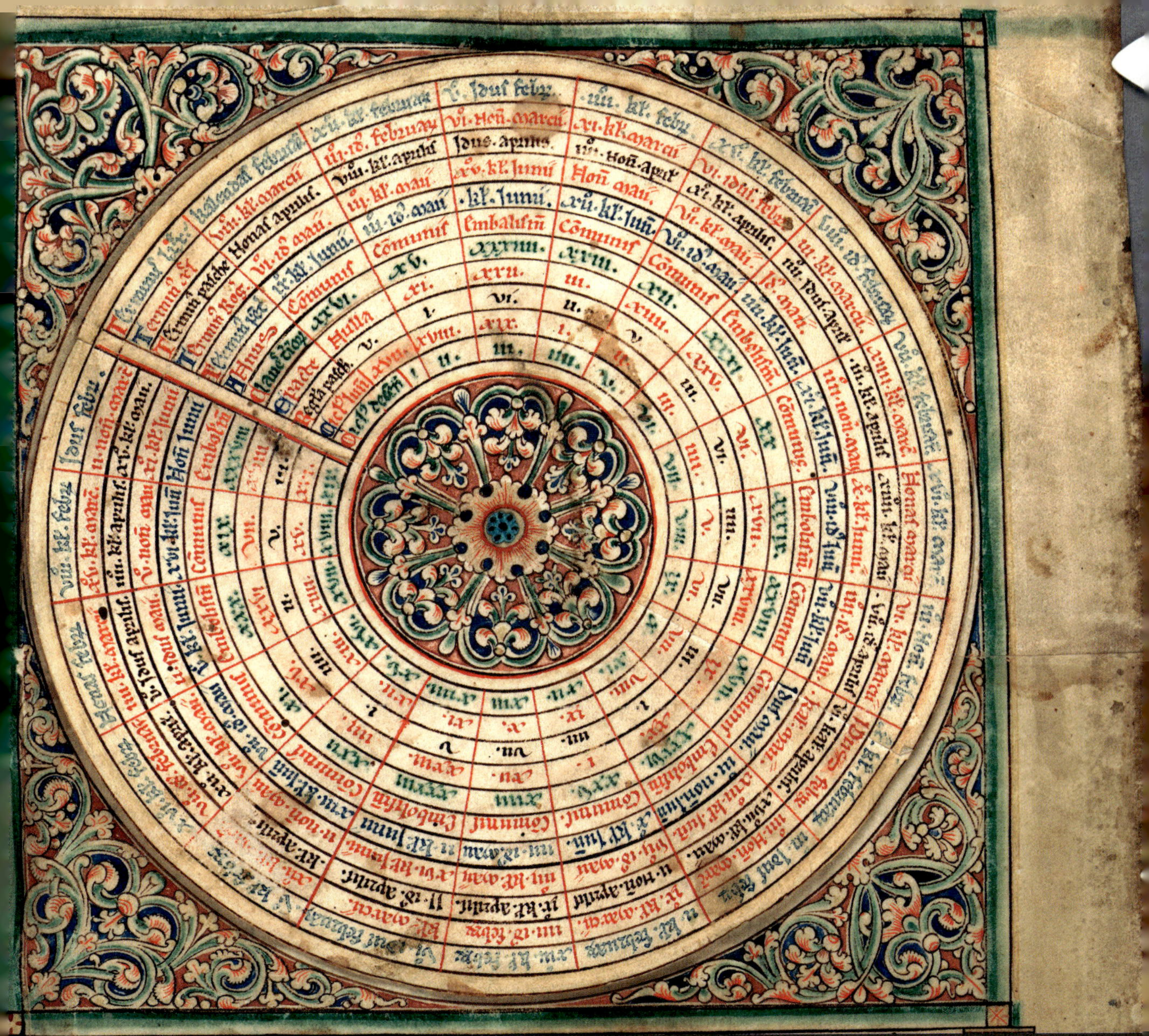

　매튜 패리스는 13세기 영국의 수도사였어요. 그는 부활절과 같은 기독교 축일을 계산할 수 있도록 볼벨을 만들어 책에 넣었습니다. 당시로서는 매우 혁신적인 방식이었죠. 볼벨은 나중에 천문학, 의학, 점성술 같은 분야의 책에도 자주 사용되었어요.

　이처럼 『크로니카 마요라』는 단순한 역사 기록이 아니라, 독자가 책과 상호작용하며 정보를 얻는 새로운 형식을 제시한 중세 팝업북의 원형이라고 할 수 있어요.

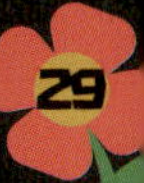

16~17세기 르네상스 시대에는 팝업북이 과학의 발전과 함께했어요. 팝업북은 해부학까지 영역을 확장습니다. 의사와 과학자들은 사람의 몸을 더 잘 설명하기 위해 종이를 층층이 쌓아서 뼈, 근육, 장기 등을 단계적으로 보여주는 입체 책을 만들었죠.

그중에서도 가장 유명한 사례는 안드레아스 베살리우스(Andreas Vesalius, 1514~1564)가 1543년에 출간한 『인체의 구조(De humani corporis fabrica, 1543)』예요. 이 책은 인쇄술이 본격적으로 발전하던 시기에 나온 해부학 서적으로, 단순한 의학 교재를 넘어선 예술 작품으로 평가받고 있어요. 베살리우스는 그리스 시대 갈레노스(Galen)의 의학 이론을 비판하고, 실제 사람의 해부를 통해 확인한 구조를 토대로 새로운 해부학 지식을 세밀하게 정리했어요.

책 속 그림들은 당대 최고의 삽화가들이 제작한 정교한 목판화였는데, 예술성이 아주 높았습니다. 그중 어떤 페이지에는 종이 레이어를 하나씩 넘기면 피부 밑의 근육, 그 밑의 뼈까지 차례로 볼 수 있도록 구성되어 있었어요. 이런 방식은 독자에게 마치 직접 인체를 해부하는 듯한 체험을 선사했죠. 당시로선 매우 혁신적인 학습 도구였고, 지금의 팝업북이 가진 '움직임을 통한 학습'이라는 개념과도 이어진다고 할 수 있습니다.

이처럼 베살리우스의 『인체의 구조』는 르네상스 시대 과학이 시각적 표현을 통해 대중에게 다가간 중요한 예시로, 팝업북 기술의 발전과도 연결되는 역사적 의미를 가지고 있어요.

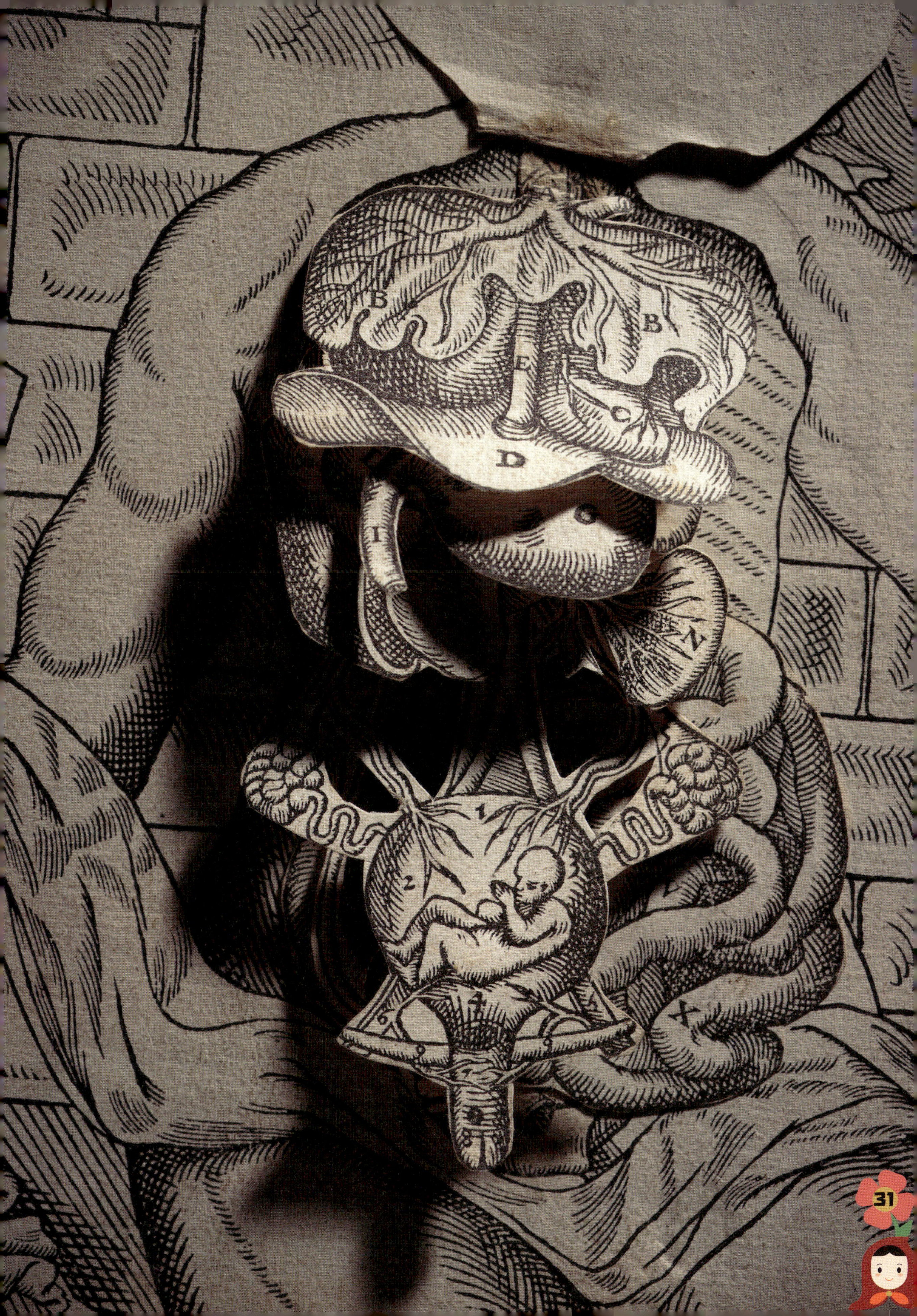
B
B
E
C
D
I
G
N
X

19세기는 팝업북의 전성기였어요. 영국에서는 딘 앤 선즈(Dean & Son)라는 출판사가 『빨간 모자』, 『잭과 콩나무』 같은 동화를 팝업북으로 만들어 큰 인기를 끌었죠. 책장을 넘기면 이야기 속 장면이 입체적으로 펼쳐지니, 아이들은 눈을 떼지 못했답니다.

이 시기에는 다양한 팝업 메커니즘이 등장했어요. 특히 그림이 움직이는

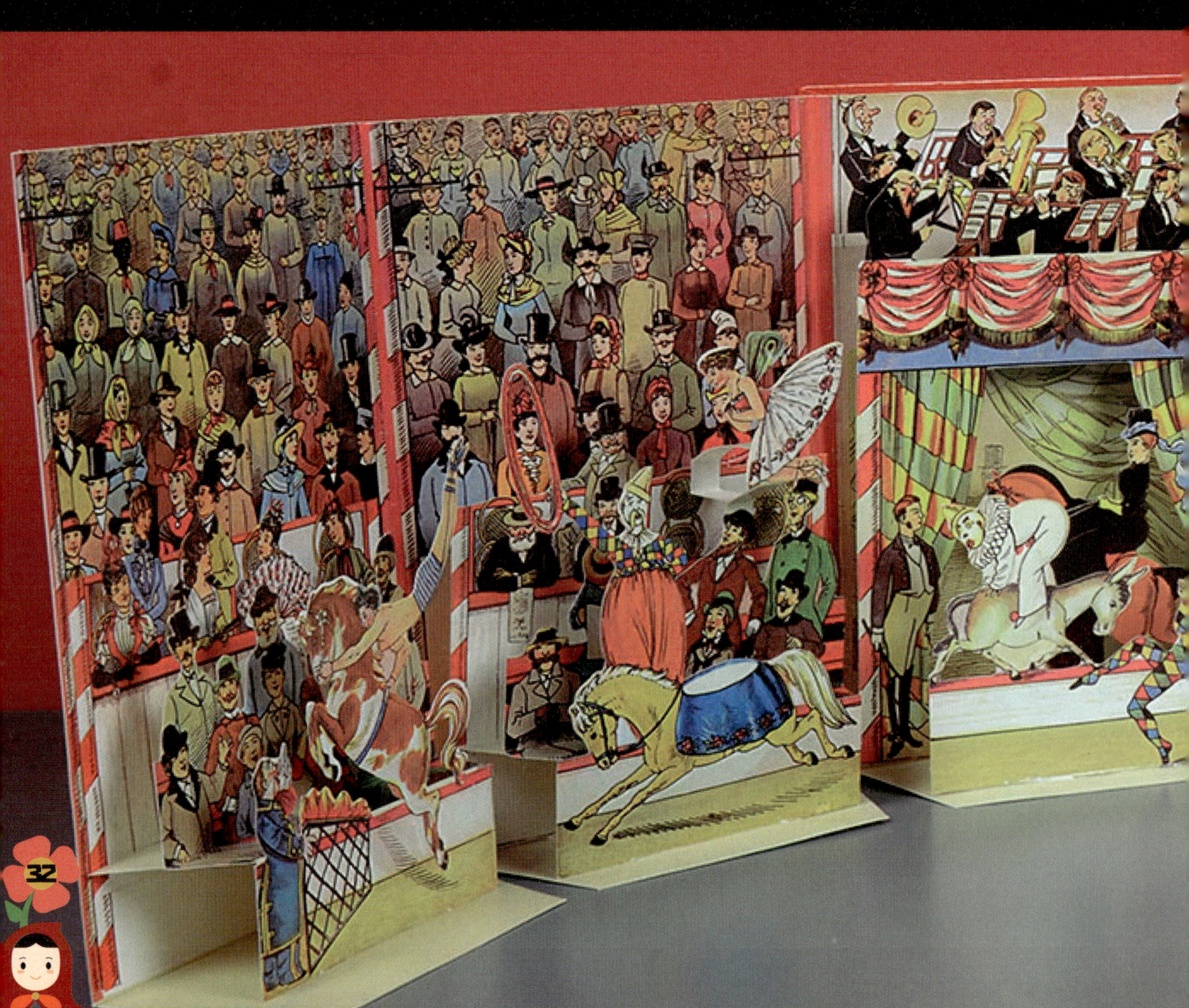

기술이 눈에 띄게 발전했어요. 풀 탭(pull tab)은 책의 가장자리에 달린 손잡이나 탭을 당기면 그림이나 인물이 움직이도록 설계된 장치예요. 예를 들어 문이 열리거나 동물의 팔이 움직이는 식으로요. 리프트 플랩(lift-the-flap)은 페이지에 붙어 있는 작은 덮개를 들어 올리면 그 아래에 숨겨진 그림이나 정보가 나타나는 방식이에요. 아이들의 호기심을 자극하고 놀이처럼 즐길 수 있

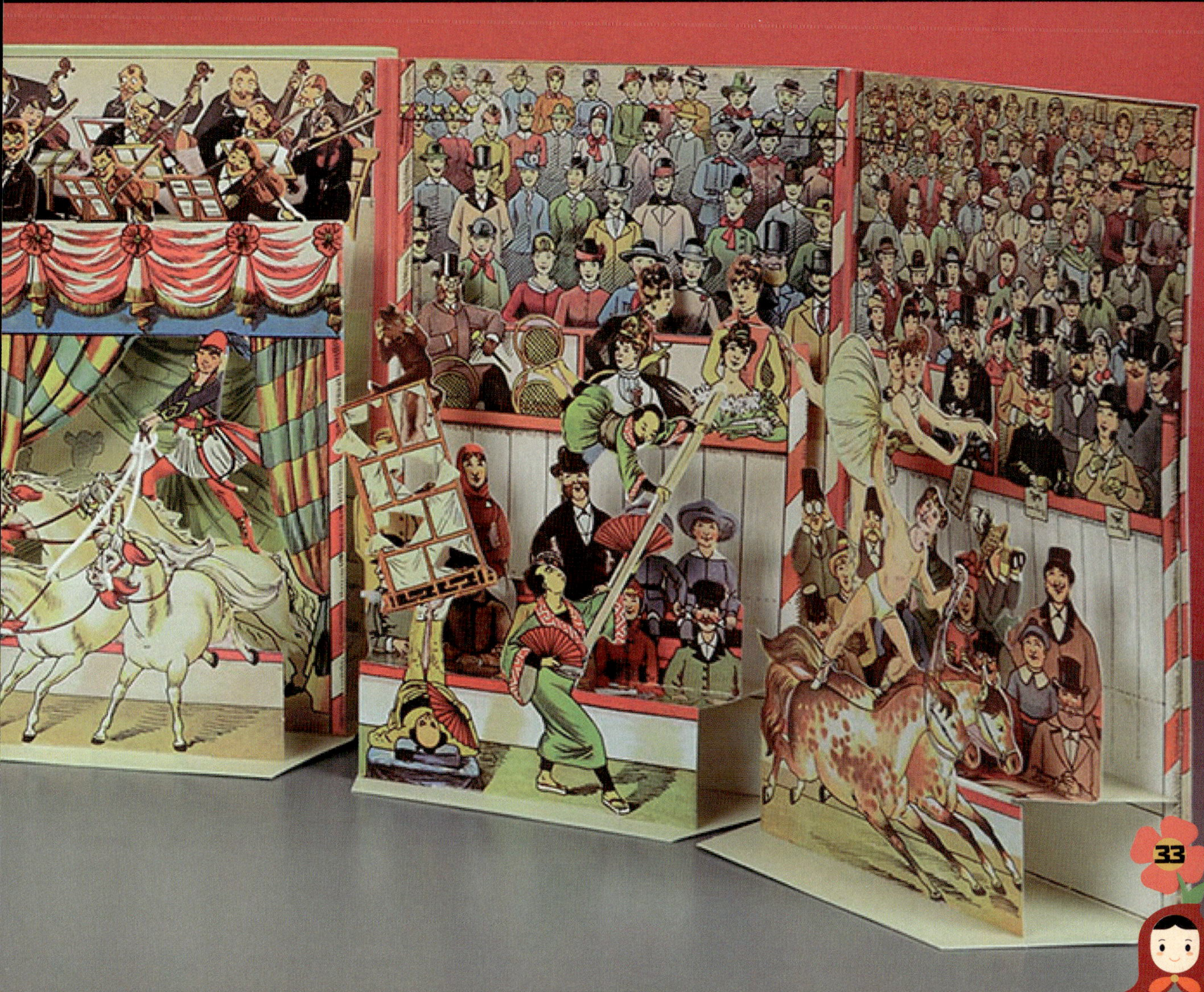

조. 피프쇼(peepshow)는 책을 아코디언처럼 펼치면 여러 장의 종이가 깊이감 있게 겹겹이 배치되어 가운데 구멍을 통해 들여다보면 무대처럼 입체적인 장면이 펼쳐지는 구조예요. 마치 작은 극장 안을 들여다보는 것처럼 느껴져요.

로타르 메겐도르퍼(Lothar Meggendorfer, 1847~1925)의 『메겐도르퍼의 움직이는 책(Meggendorfer's International Circus)』은 이 기술들을 아주 잘 활용한 대표적인 작품이에요.

메겐도르퍼는 독일 출신의 일러스트레이터였어요. 그는 '종이기계 장치의 천재'로 불릴 정도로 정교하고 창의적인 움직이는 책들을 많이 만들었죠. 『메겐도르퍼의 움직이는 책』은 당기거나 돌리면 등장인물이 실제로 움직이도록 설계되어 있어요. 곡예사가 공중을 날거나, 광대가 웃으며 고개를 끄덕이는 장면이 펼쳐지는 식이에요. 그는 손으로 직접 작동할 수 있는 종이 기계장치를 통해, 정적인 책을 '움직이는 무대'로 바꾸어놓았어요.

이처럼 19세기 팝업북은 단순한 동화책을 넘어, 상상력과 기술이 결합된 복합 예술로 자리 잡았어요. 아이들뿐 아니라 어른들도 열광할 만큼 매력적인 매체로 발전했답니다.

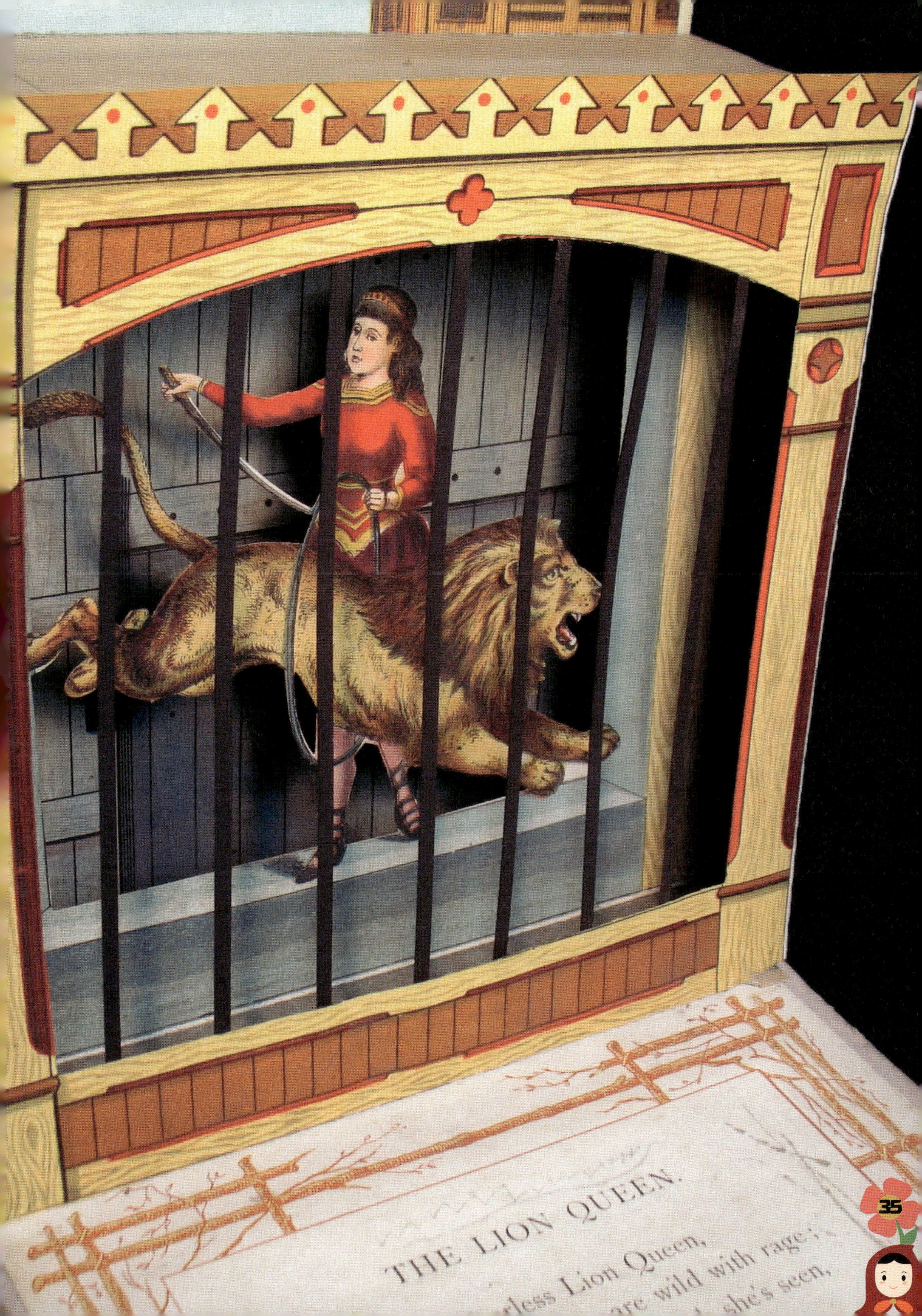

THE LION QUEEN.
...rless Lion Queen,
...are wild with rage;
...she's seen,

움직이는 예술, 20세기 팝업북 혁신기

20세기에는 팝업북이 더 정교하고 예술적인 방향으로 발전했어요. 미국의 줄리언 와이틀린은 책 속 그림이 실제로 움직이도록 만든 메커니즘을 개발했는데, 이 덕분에 책이 훨씬 생동감이 있어졌어요. 또 로버트 사부다는 팝업북을 진짜 예술 작품 수준으로 끌어올렸죠. 그의 대표작 『오즈의 마법사』는 책을 펼칠 때마다 정교한 구조물이 튀어나와 이야기를 생생하게 보여줘요. 데이비드 카터처럼 기하학적 패턴과 착시 효과를 활용해 창의적인 책을 만든 작가들도 많아요. 팝업북은 단순한 어린이책이 아니라, 예술과 상상력이 만나 완성된 특별한 매체로 성장했어요.

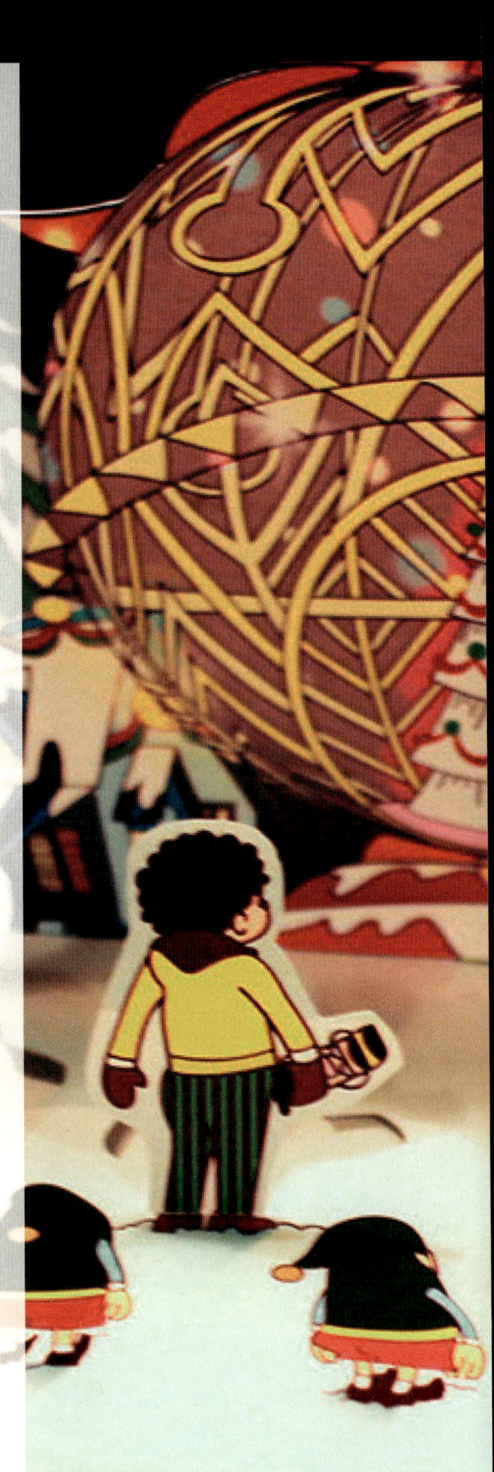

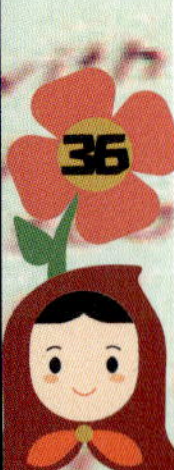

감각을 깨우는 종이 예술, 오늘의 팝업북

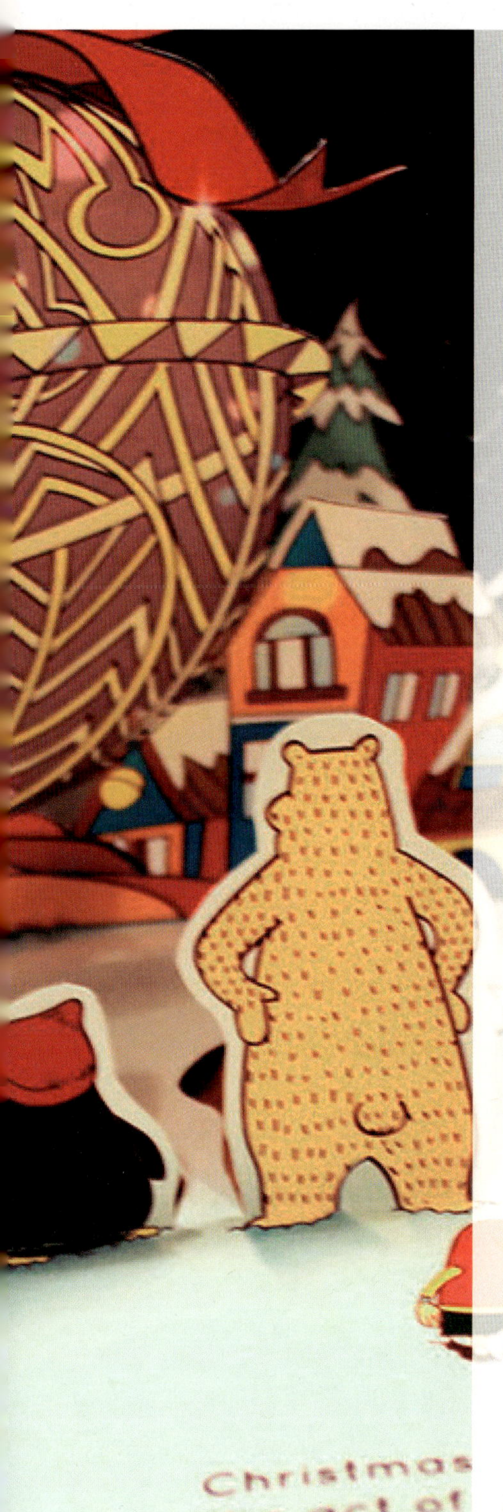

종이를 손으로 직접 넘기고 구조를 조작하면서 책과 더 깊게 상호작용하는 경험은 팝업북에서만 느낄 수 있는 매력입니다. 오늘날의 팝업북은 정말 다양한 모습으로 우리 곁에 있어요.. 스타워즈 시리즈, 해리 포터 시리즈처럼 전 세계적으로 사랑받는 영화나 소설 속 이야기들도 팝업북으로 제작되고 있어요. 이런 팝업북은 어린이뿐 아니라 수집가들 사이에서도 큰 인기를 끌고 있습니다. 이제 팝업북은 단순한 책을 넘어, 감성과 창의력을 함께 키워주는 매력적인 도구가 되었답니다.

"책을 펼치면

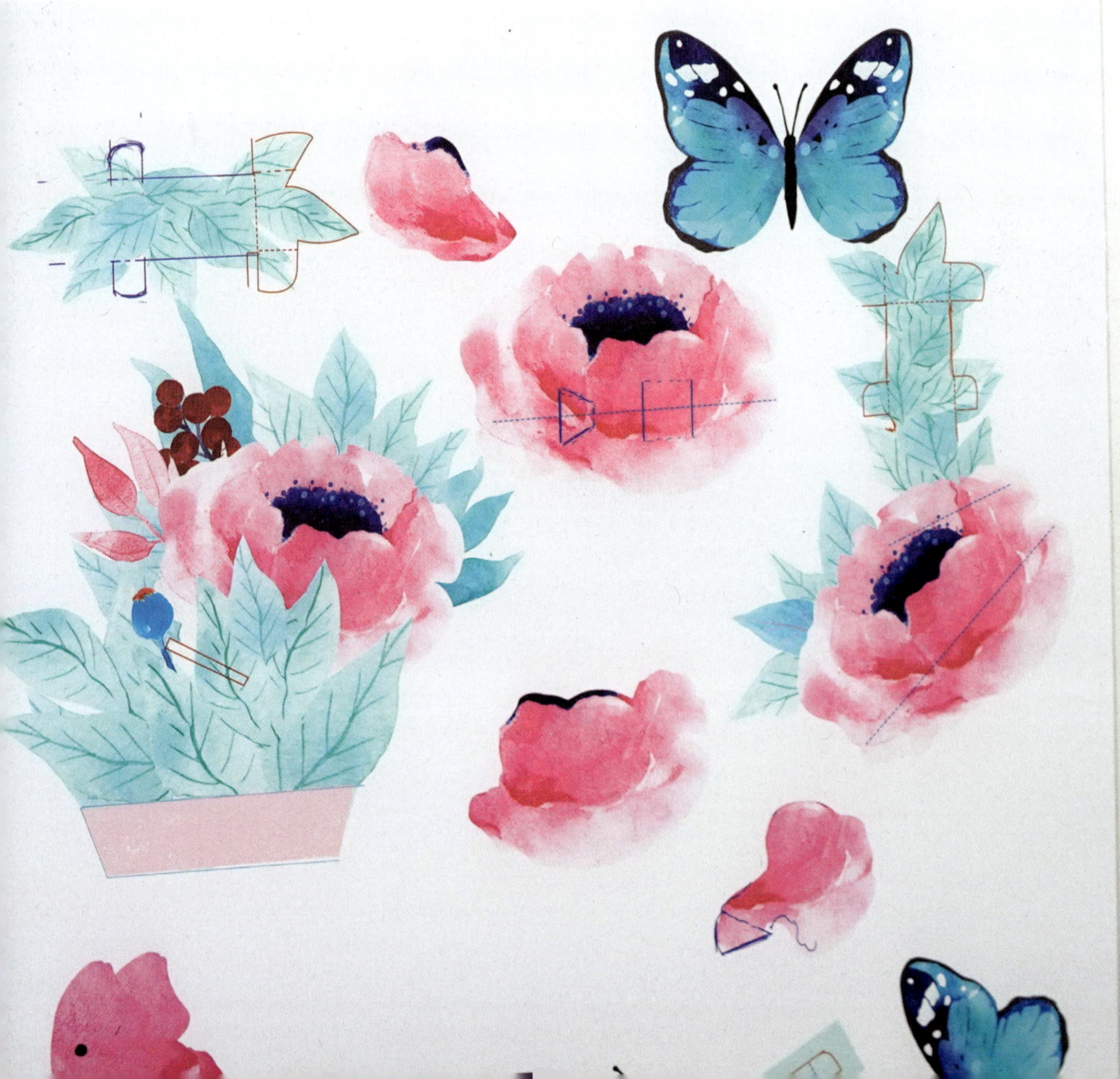

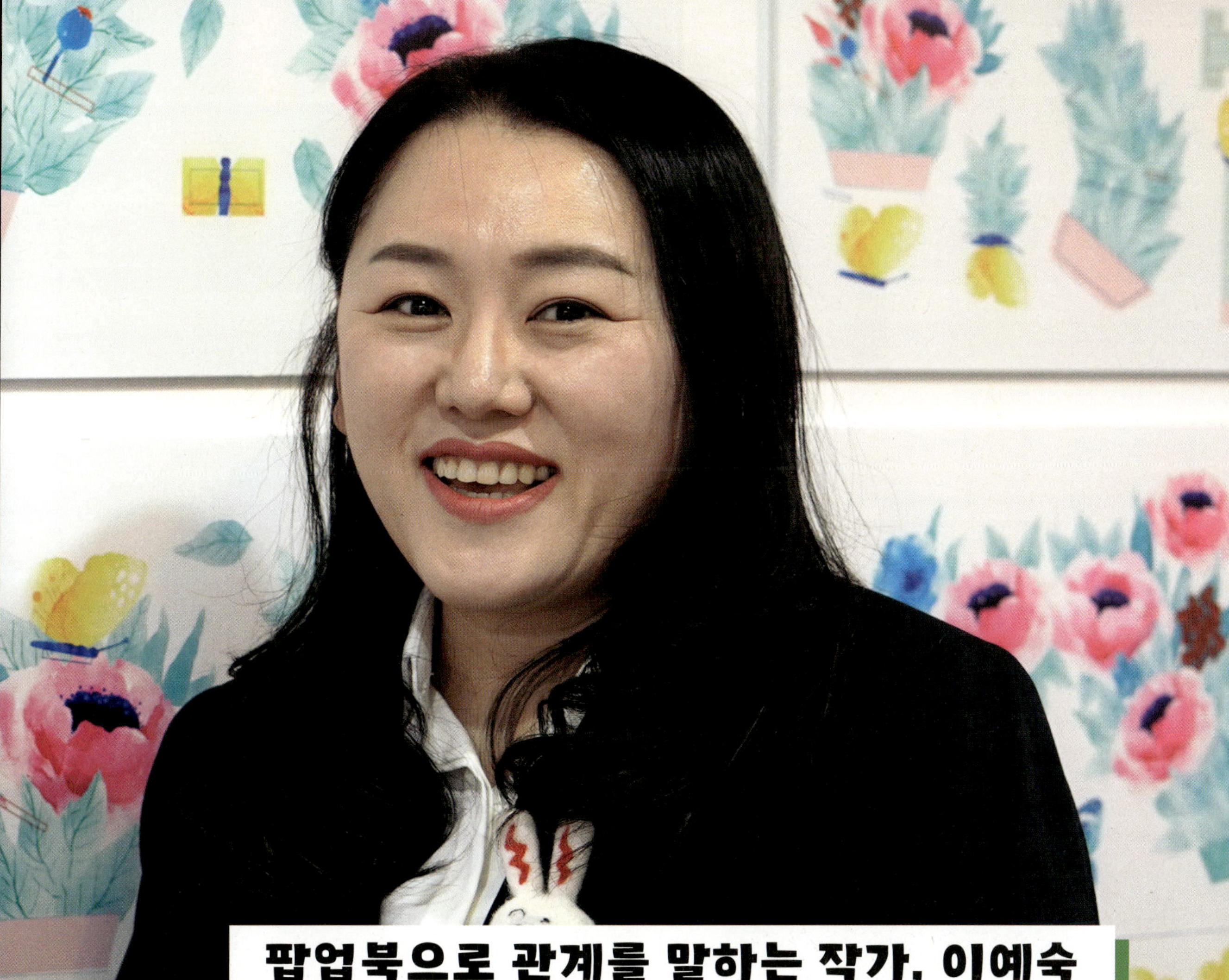

팝업북으로 관계를 말하는 작가, 이예숙

그림책 작가이자 팝업북을 만드는 예술가인 이예숙 작가는 자신의 책을
바탕으로 1인극까지 해낸다. 펼치고 접는 종이 속에는 이야기뿐 아니라
감정과 관계 그리고 따뜻한 위로가 담겨 있다. 책장을 펼쳐야만 보이는
입체 구조 속에 서로를 이해하고 함께 살아가는 마음이 담겨 있다.

글: 이동현

이예숙
팝업 아티스트,
그림책 작가, 그리고 공연자
40

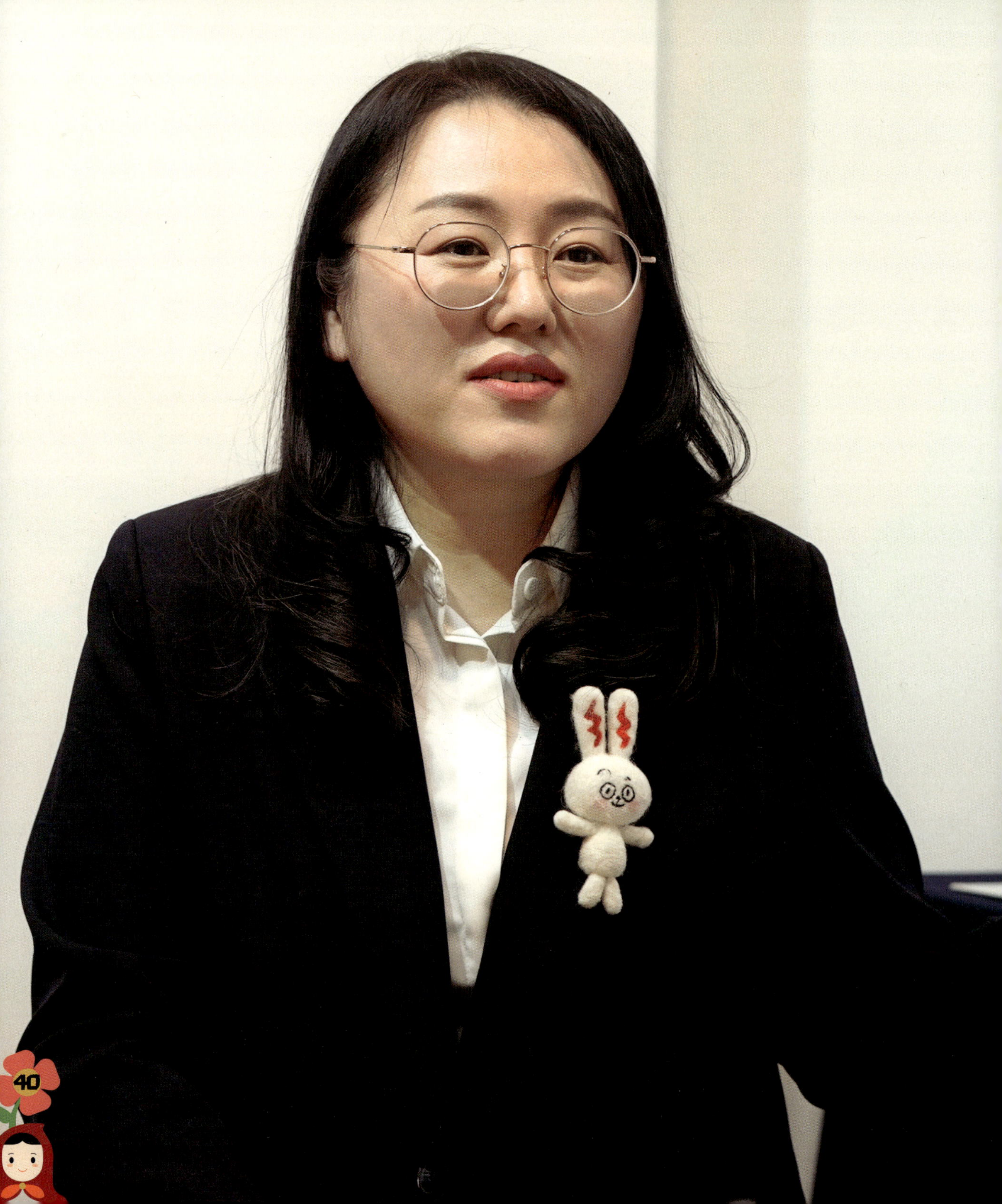

간단한 자기소개 부탁드립니다!

저는 그림책 작가이고, 그림책 내용을 바탕으로 1인극 공연도 하고 있어요. 그리고 팝업북을 만드는 팝업 아티스트이기도 해요. 2009년부터 일러스트레이터로 일을 시작했는데요, 어느 순간 저만의 작업이 하고 싶다는 생각이 들었어요. 그래서 좋아하는 걸 스스로 만들자고 결심했고, 그때 처음 만든 게 팝업북이었어요. 팝업북은 책을 펼쳤을 때 3차원의 공간이 눈앞에 확 펼쳐지거든요. 그 순간의 놀라움과 감동이 너무 매력적이었어요. '이거다!' 싶었죠.

팝업북의 매력은 무엇인가요?

'의외성'이라고 말하고 싶어요. 평평한 책을 펼쳤는데, 갑자기 입체적인 구조가 "짜잔!" 하고 나타나는 그 순간, 마치 마법처럼 다른 세계로 들어가죠. 책을 펼쳤을 때, 평면이었던 종이가 갑자기 입체 구조로 변하면서 새로운 세계가 열려요. 그 놀라움과 감탄이 팝업북의 가장 큰 매력이에요. 손으로 직접 펼쳐야만 만지고, 구석구석 들여다보면서 느끼는 감동이 있거든요. 팝업북 안에는 움직임이 있고, 시간과 이야기가 있고, 독자와 함께 소통하는 감정이 있어요.

작가로서는 어려운 작업일 것 같은데요.

맞아요. 팝업북은 미술, 공학, 수작업이 모두 들어가죠. 도안을 먼저 만들고, 그걸 종이로 접었다가 펼쳤을 때 잘 작동하는지 확인해야 해요. 잘 안 되면 다시 고치고 또 실험해 봐야 하죠. 그래서 시간도 오래 걸리고, 손도 많이 가요. 하지만 그만큼 완성됐을 때 느끼는 기쁨도 커요!

독자 반응 중 가장 기억에 남는 건요?

팝업북을 펼치면 어린이들은 "우와!" 하고 감탄해요. 그 반응은 정말 감동적이에요. 팝업북 만들기 수업을 할 때면, 아이들은 자기가 만든 걸 들고 "내가 다 했어요!" 하고 뿌듯해하죠. 그걸 보면, 아, 내가 왜 이걸 계속하는지 다시 느끼게 돼요.

『빨간 모자』 팝업북에 대해 소개해 주세요.

이 책은 우리에게 익숙한 '빨간 모자와 늑대' 이야기를 바탕으로 한 팝업북이에요. 하지만 단순히 이야기를 따라가는 것이 아니라, 작가로서 저만의 해석을 담았어요. 이야기 속 장면들이 병풍처럼 펼쳐지기도 하고, 둥글게 감아 회전북처럼도 볼 수 있어요. 책을 넘길 때마다 장면이 시간이나 공간으로 이어지기 때문에, 그림책과 팝업북의 매력이 모두 들어 있어요.

『빨간 모자』 팝업북은 독자들이 직접 만들 수 있는 키트이죠. 제가 직접 만든 도안과 설명을 제공해서, 아이들과 부모님이 함께 만들 수 있도록 구성했어요. 어렵지 않게 만들면서도, 완성했을 땐 "이건 정말 예쁜 작품이야!"라고 느낄 수 있도록 디자인했어요.

익숙한 이야기인데,
작가님만의 해석이 궁금해요.

저는 이 이야기를 통해 '선입견'이라는 주제를 이야기하고 싶었어요. 우리가 누군가를 만났을 때 겉모습이나 단편적인 정보만 보고 판단하잖아요. '저 사람은 위험할 거야', '저 집단은 나와 달라' 같은 생각이 자연스럽게 들기도 해요. 저는 이 작품을 통해 그 선입견을 한번 뒤집어 보고 싶었어요. 그 속에서 오히려 다정한 이웃일 수 있다는 가능성을 말해보고 싶었죠. 한 발짝 다가가 보면, 우리가 무섭다고 생각했던 그 대상이 실은 다정하고 따뜻한 존재일 수도 있는 거예요.

요즘 사회를 바라보며
전하고 싶은 메시지가 있나요?

요즘 사회는 점점 더 분열되고 있고, 자극적인 정보에 익숙해지면서 서로를 오해하기 쉬운 환경이잖아요. 그런 시대에 빨간 모자와 늑대처럼 완전히 달라 보였던 두 존재가 사실은 친구가 될 수 있고 다정한 이웃이 될 수 있다는 메시지를 전하고 싶었어요. 빨간 모자 이야기는 이미 수백 가지 버전이 있을 정도로 다양한 해석이 존재해요. 원래는 '외부의 위험을 조심해라'라는 경고 메시지를 담고 있었는데, 시대가 바뀌면서 그 해석도 점점 달라졌더라고요. 저도 이 이야기를 지금 우리가 사는 시대에 맞춰 새롭게 재해석해보고 싶었어요.

그 메시지를 책에 어떻게 담으셨나요?

『빨간 모자 팝업북』은 이야기가 펼쳐지면서 장면 장면이 시간과 공간을 따라 이어지는데요, 그 안에 반전 요소들을 넣었어요. 예상하지 못한 장면이 나오거나 마지막 장면에서 완전히 새로운 시선이 드러나기도 하죠. 그런 식으로 "아, 이건 그냥 알고 있는 빨간 모자 이야기가 아니구나!" 하고 느끼게 하고 싶었어요.

이 책은 키트 형태로도 구성돼 있어서, 만들면서 이야기를 더 깊이 이해할 수 있어요. 안을 해체해서 보게 되면, 그 안에 담긴 구조와 흐름이 더 명확하게 드러나거든요. 독자가 작가와 함께 작품을 완성해 간다는 점에서 의미가 깊어요. 겉으로 보이는 모습뿐 아니라 속 이야기를 함께 들여다보면 좋겠어요.

이전에는 환경과 생태를
주제로 작업하셨다고 들었어요.

맞아요. 처음 만든 팝업 요소를 넣은 책 『이상한

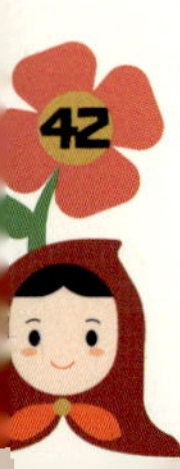

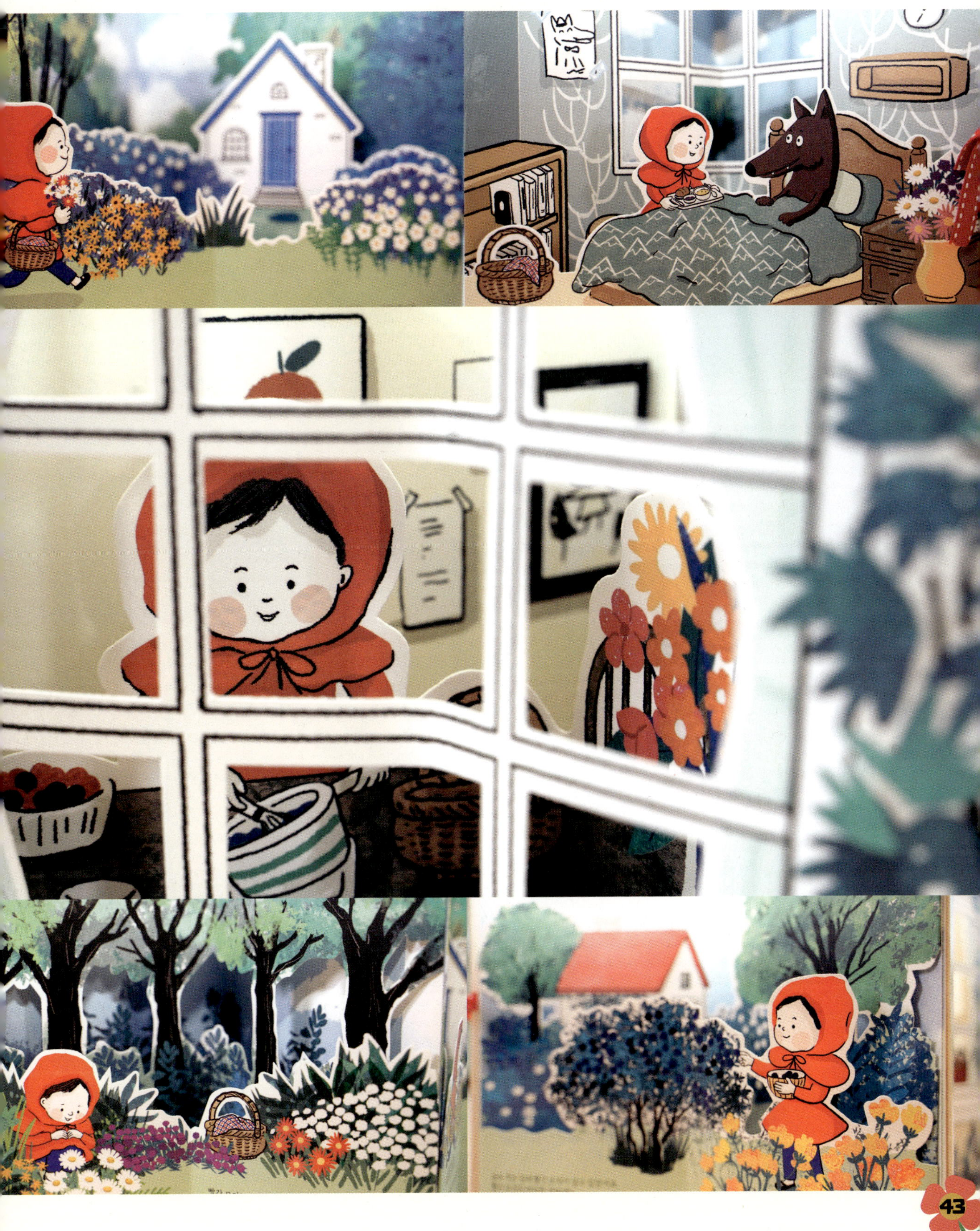

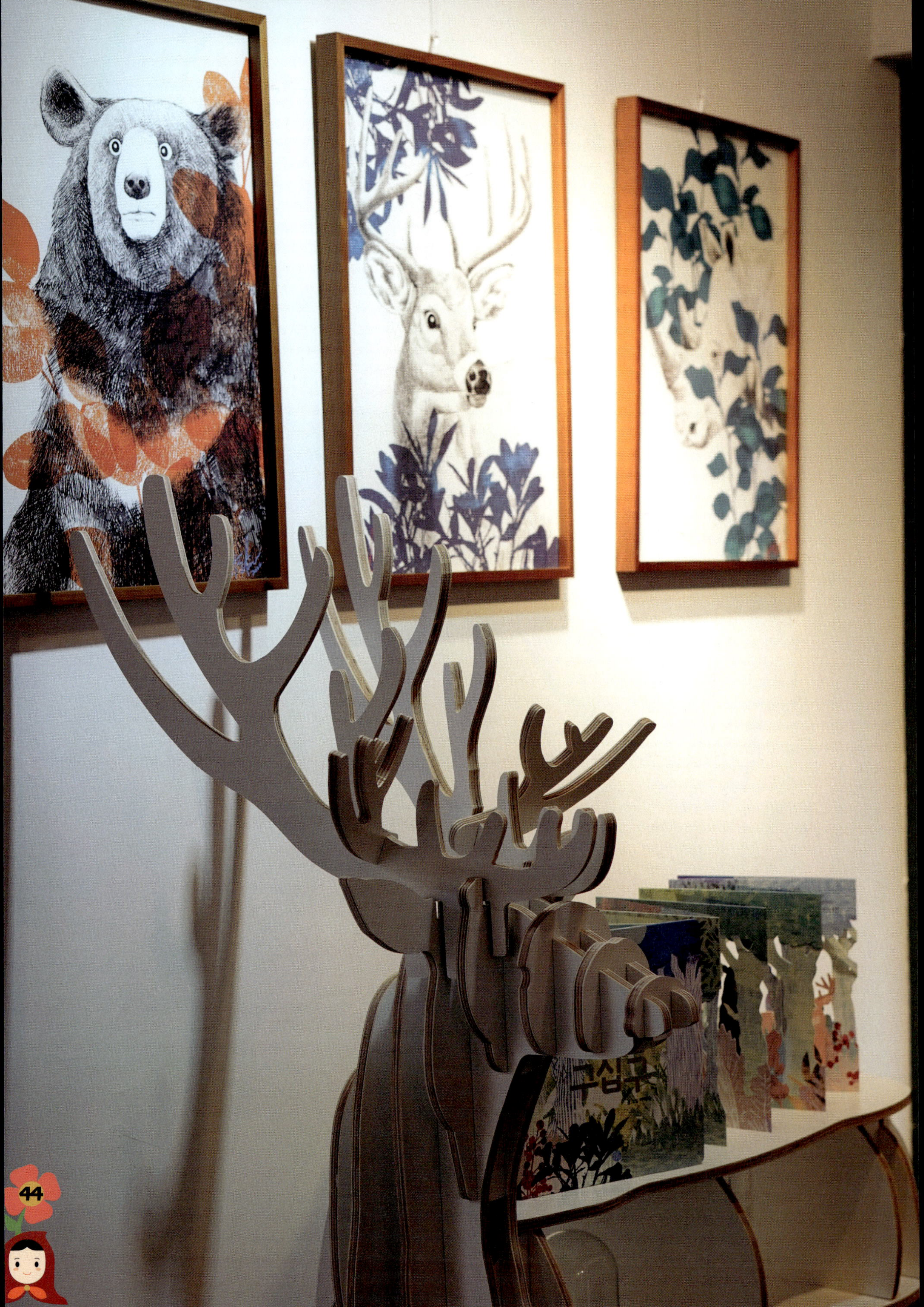

동물원』은 동물원에 사는 동물들에 관한 이야기였어요. 그때는 어린이에게도 자연과 생명을 소중히 여기는 마음을 전하고 싶었죠. 무겁고 딱딱한 메시지가 아니라, 밝은 그림과 팝업 요소로 생명에 대해 생각해볼 수 있는 이야기를 전하고 싶었어요. 그렇게 작업을 이어나가다 보니까 우리 삶 속에서 사람과 사람 사이의 관계도 너무나 중요하다는 걸 깨달았어요. 서로를 이해하고 다정하게 대하고 함께 살아가는 이야기. 그래서 자연스럽게 관심이 '사람', '관계'로 옮겨왔어요. 사람끼리 서로를 지지하고 위로할 수 있는 존재가 되어야겠구나 하고요.

이번 『빨간 모자』도 결국 "우리, 서로 오해하고 있지 않나요?"라는 질문을 던지고 싶었어요. 외로움, 분열, 선입견, 확증편향… 요즘 사회에서 우리가 자주 마주치는 문제잖아요? 이야기를 통해 누군가의 마음에 가닿을 수 있다면, 그게 바로 작가로서 제가 할 수 있는 작은 변화라고 생각했어요. 어떤 이야기를 만나고, 거기서 "나도 저런 적 있어" 하고 고개를 끄덕이게 되는 순간이 오면 좋겠어요. 그리고 아이들뿐 아니라 어른들도 이 책을 통해 조금은 더 다정하게 세상을 바라볼 수 있기를 바라고요.

작품에서 '아름다움'을 중요하게 생각하시는 이유는 무엇인가요?

처음 책을 펼쳤을 때 "와, 예쁘다!" 하는 감정이 들면 그다음 내용에도 더 관심이 생기잖아요. 그래서 저는 '예쁘게 만들기'를 단순한 장식이 아니라, 독자에게 친절하게 다가가는 방법이라고 생각해요. 팝업북은 아직 낯선 장르이기도 하니까, 더 매력적으로 보여줘야 한다고 생각해요.

아이들과의 만들기 활동에서는 어떤 점을 중요하게 보시나요?

아이들이 직접 손으로 만들고 나서 "이거 내가 했어!"라고 말할 때가 가장 기뻐요. 사실 작가가 도안을 다 준비했지만, 아이가 스스로 해낸 것처럼 느끼게 하고 싶었어요. 그 감정이 자존감도 키우고 창의성도 키우거든요.

어린이들도 혼자 만들 수 있을까요?

충분히 가능해요! 어렵지 않게 설명도 붙여 놨고, 영상으로도 만들기 방법을 보여줄 거예요. 부모님이 옆에서 조금만 도와주시면 아이가 스스로 끝까지 완성할 수 있어요. 만들고 나면 "진짜 작품 같아!" 하고 뿌듯해하는 모습을 볼 수 있어요. ▣

오려서 만드는, 나도 팝업북 작가!

이예숙 작가님의 유튜브 채널 '이예숙TV'에서 소개한 간단한 팝업북 작품을 따라해 보세요. 잡지에 실린 도안을 오려 붙여 나만의 작은 팝업북을 완성해 봅시다. 가위랑 풀만 있으면 누구나 쉽게 만들 수 있어요. 팝업북이 처음이어도 부담 없이 즐길 수 있답니다. 아래 QR 코드를 스캔하면 작가님의 블로그와 유튜브로 바로 연결돼, 제작 팁이랑 응용 아이디어도 확인할 수 있어요.

NAVER 블로그

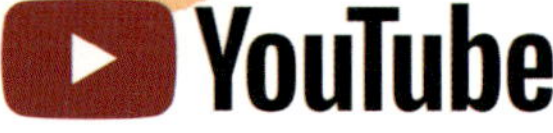 YouTube

https://tinyurl.com/29vvsu3b

https://tinyurl.com/29vvsu3b

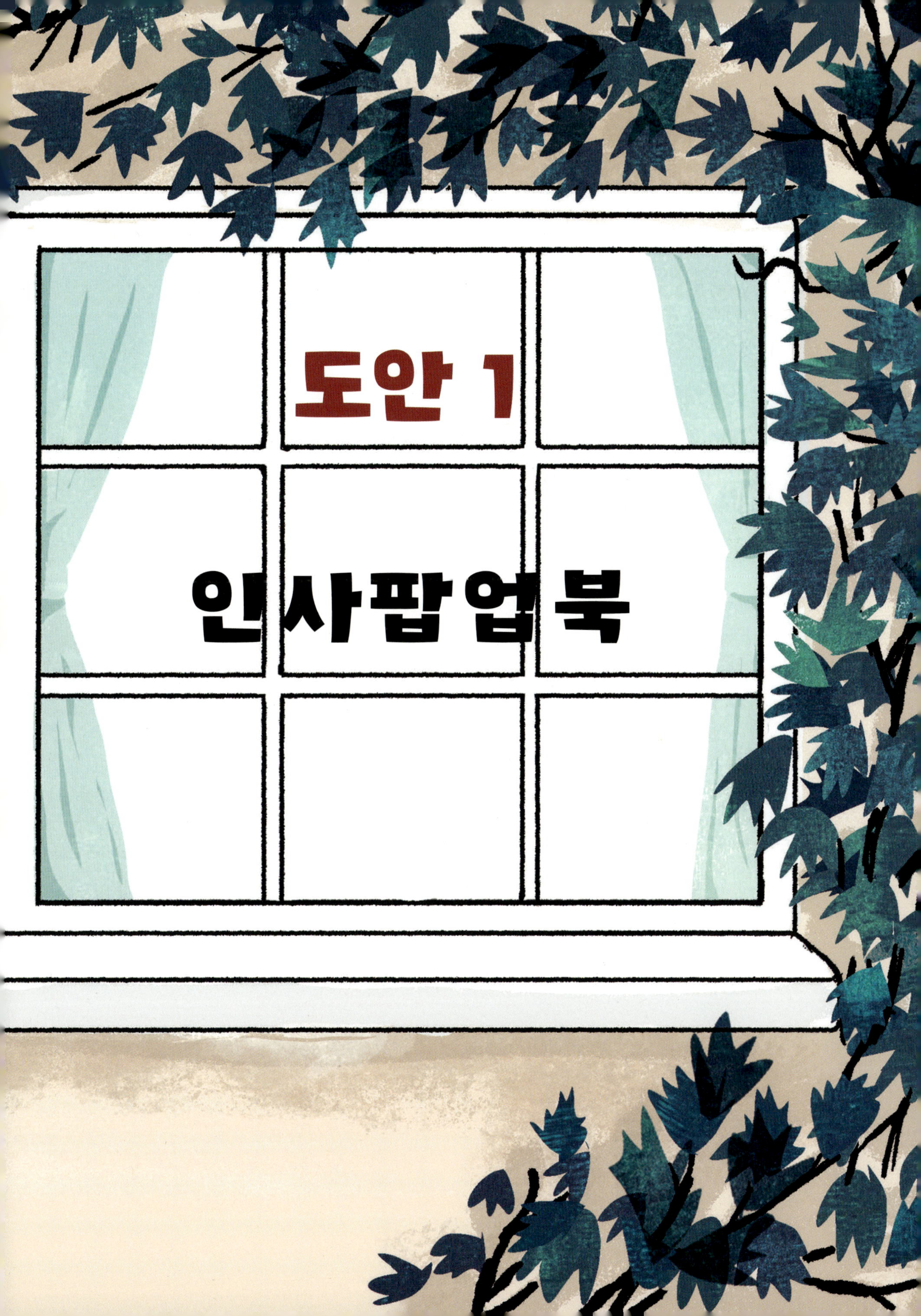

도안 1
인사팝업북

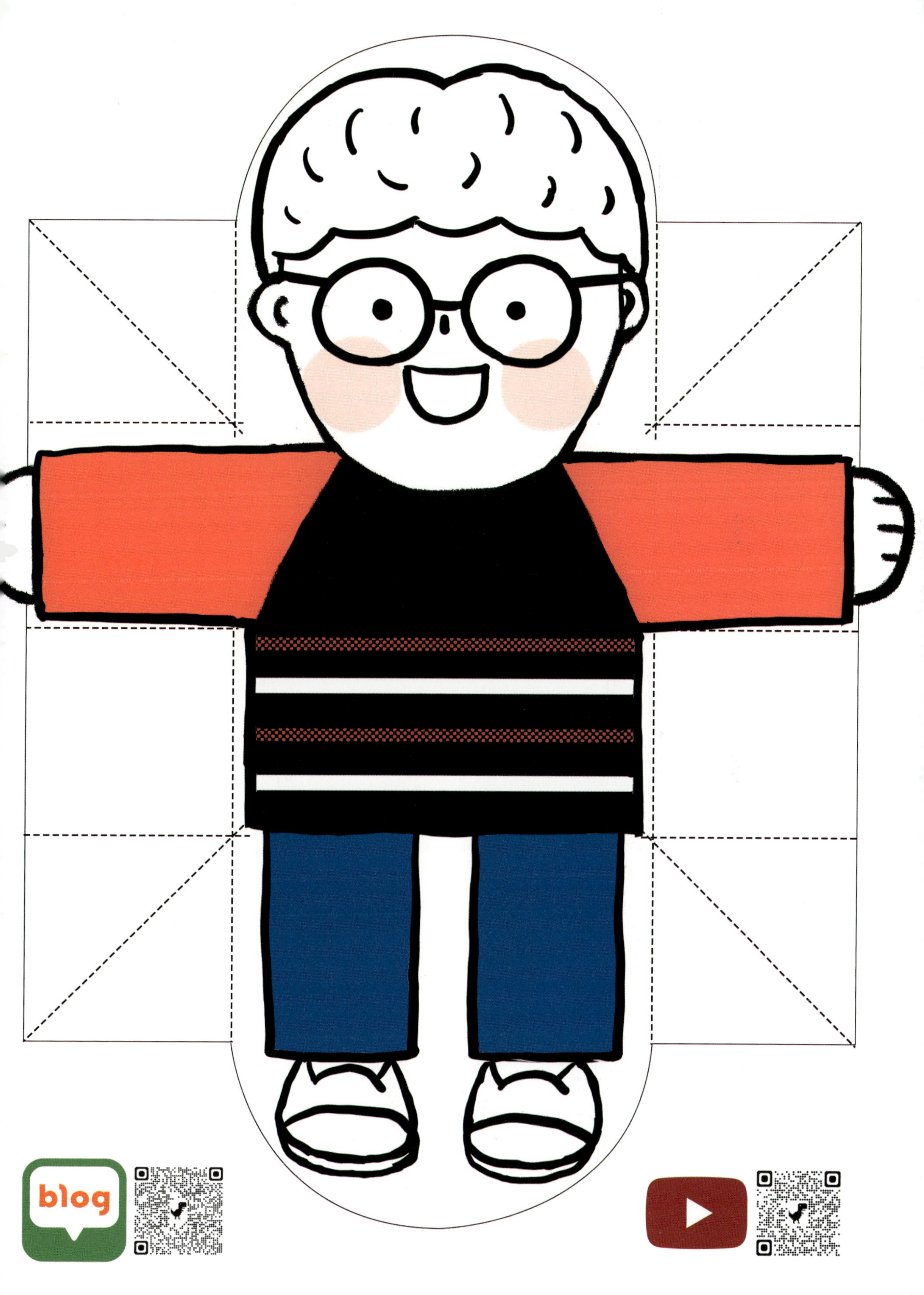

blog

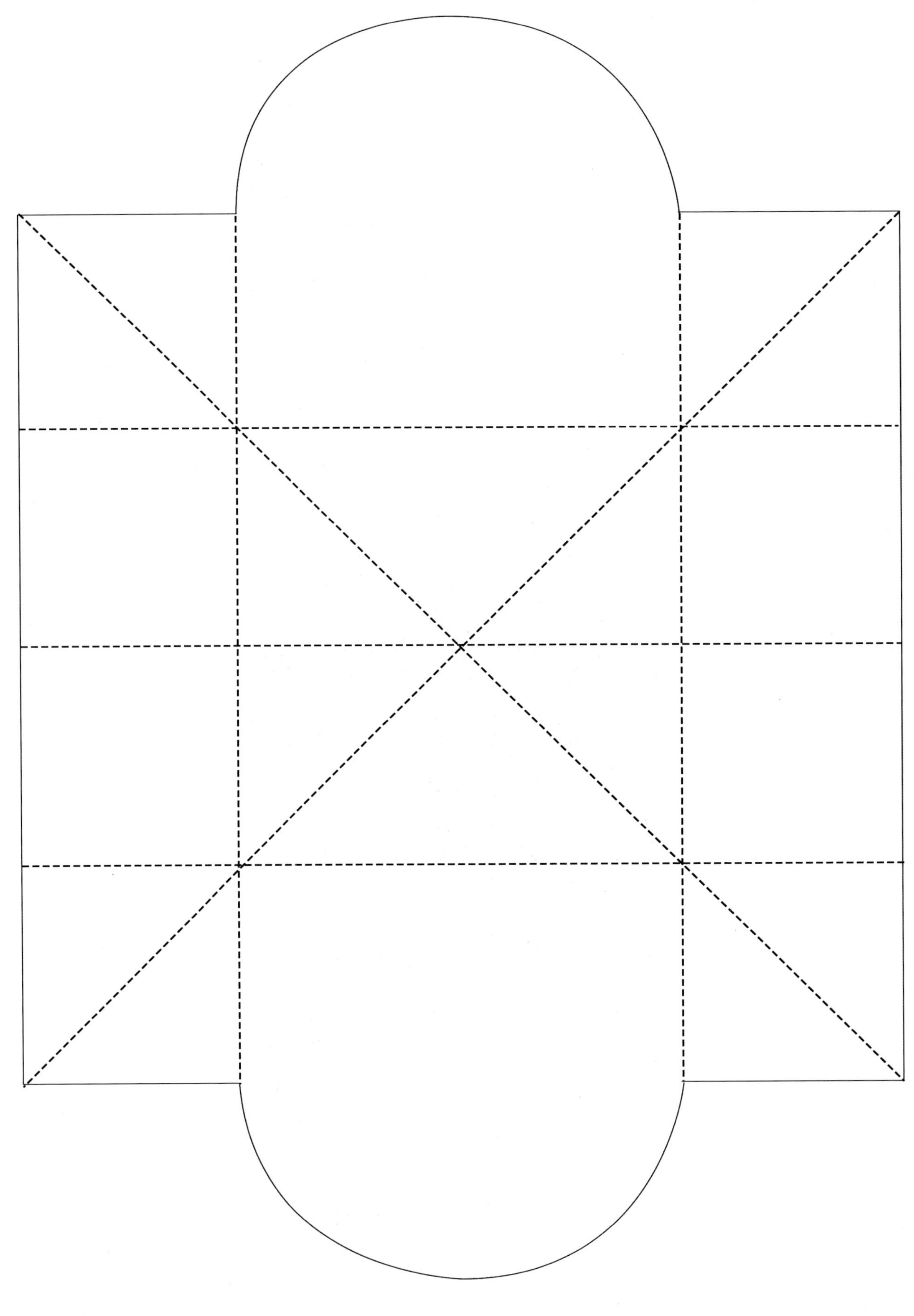

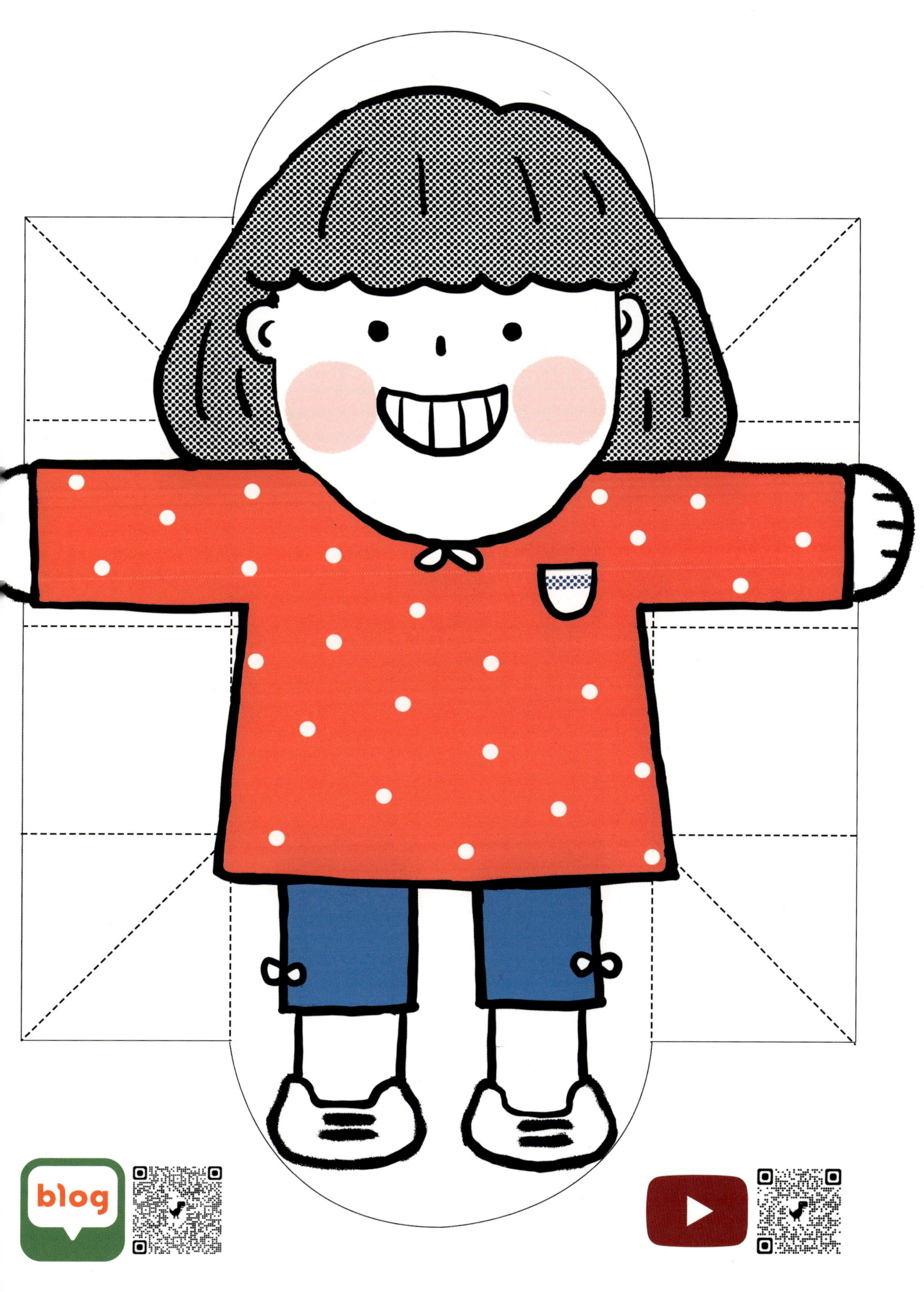
blog

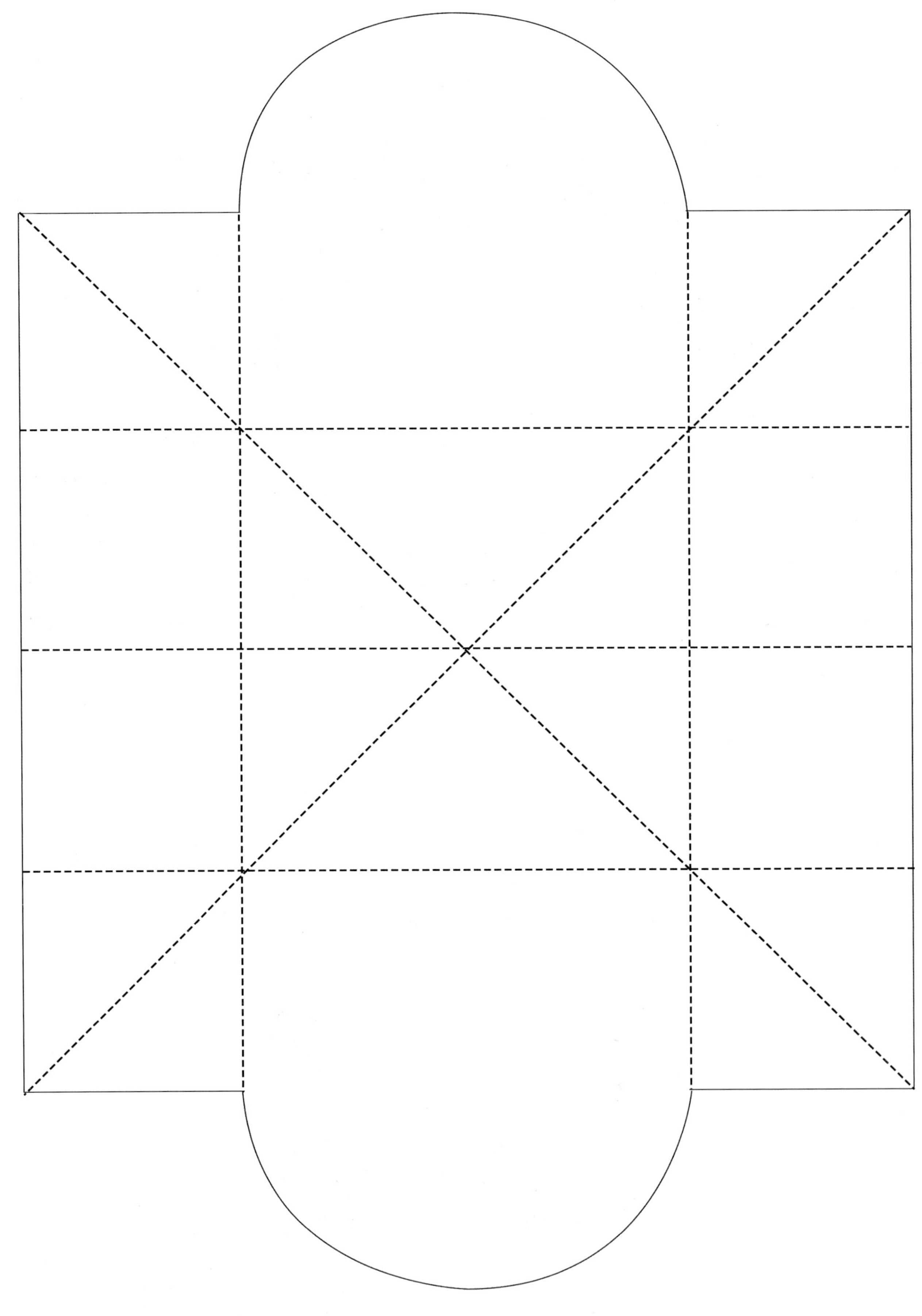

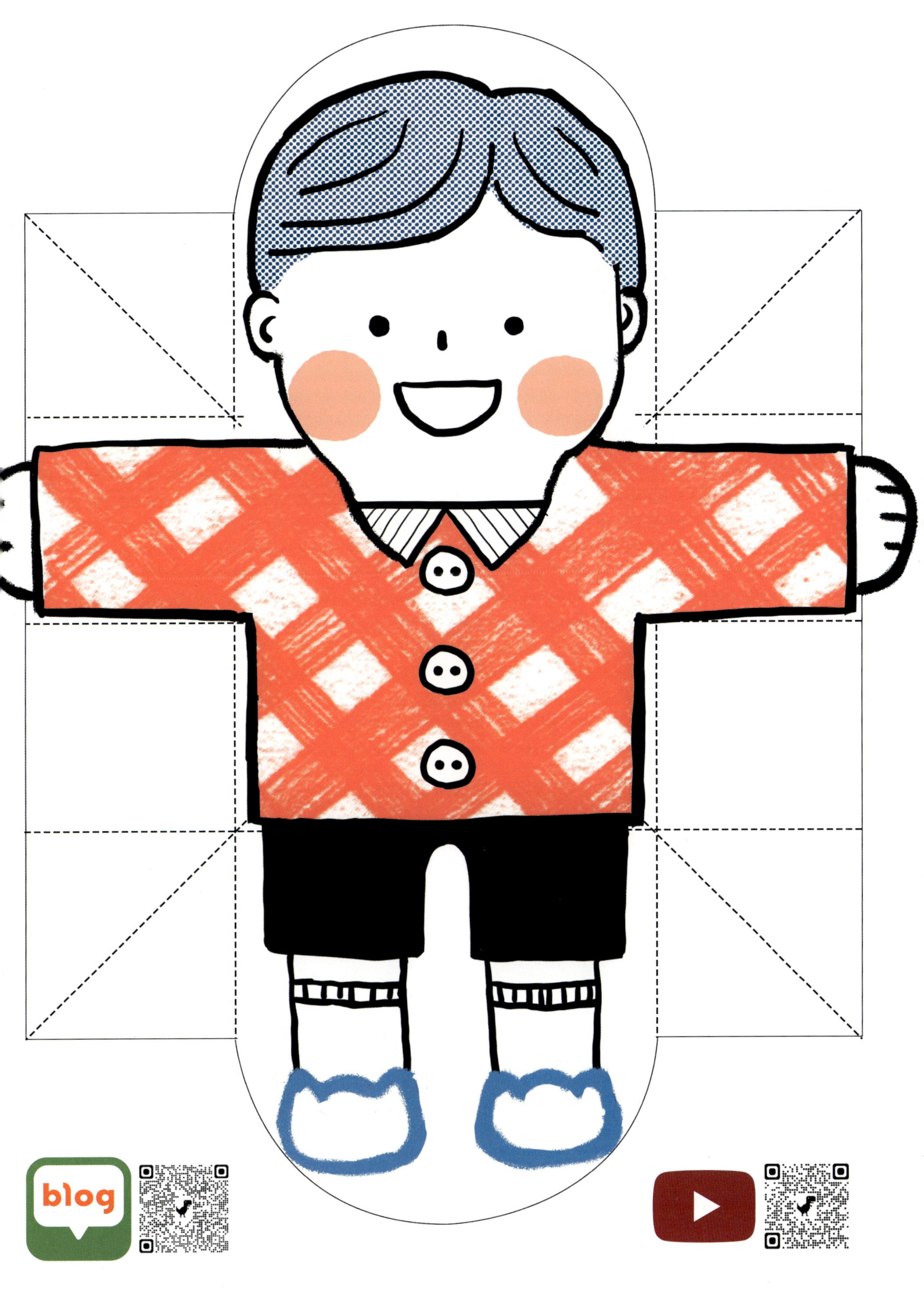

blog

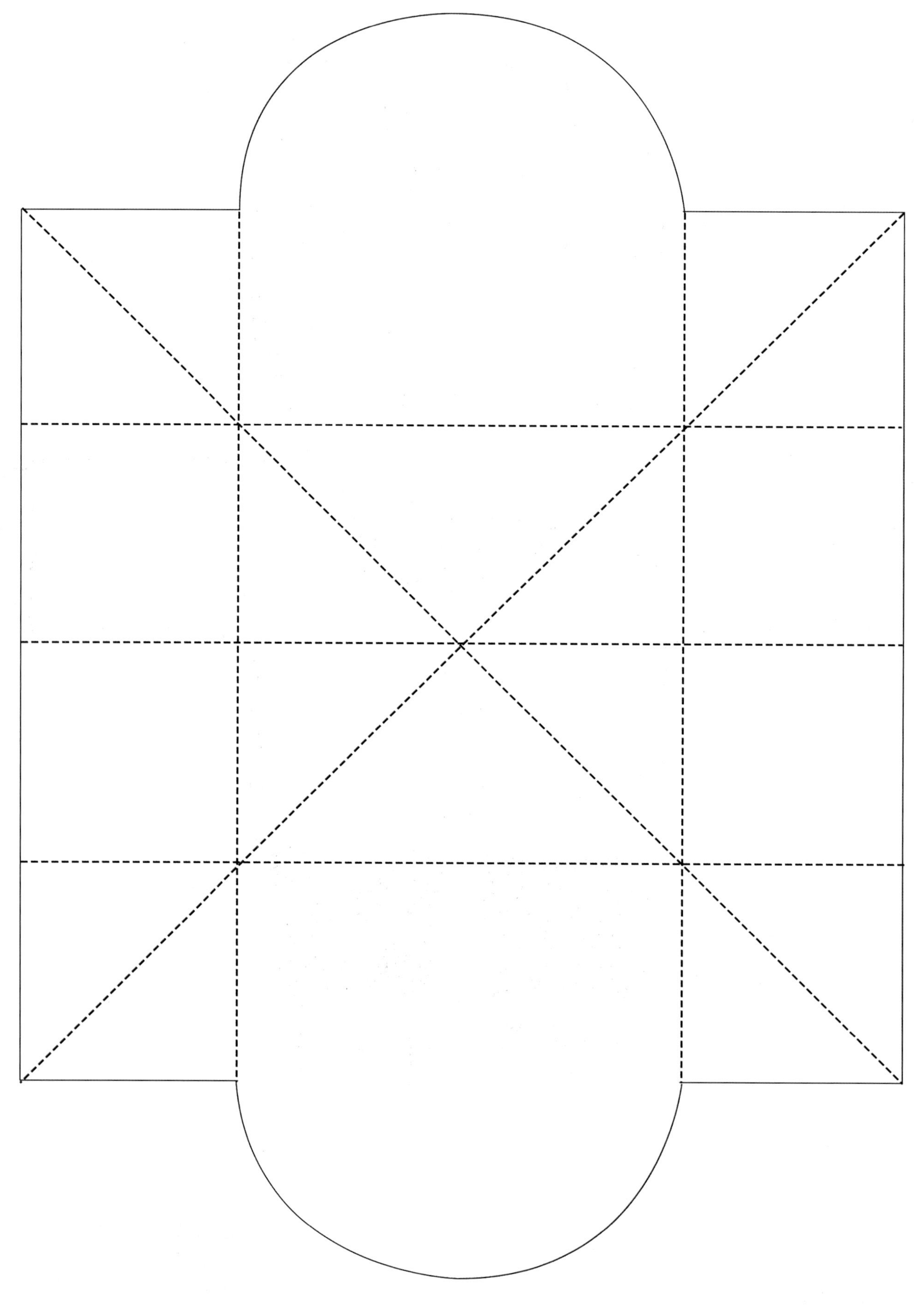

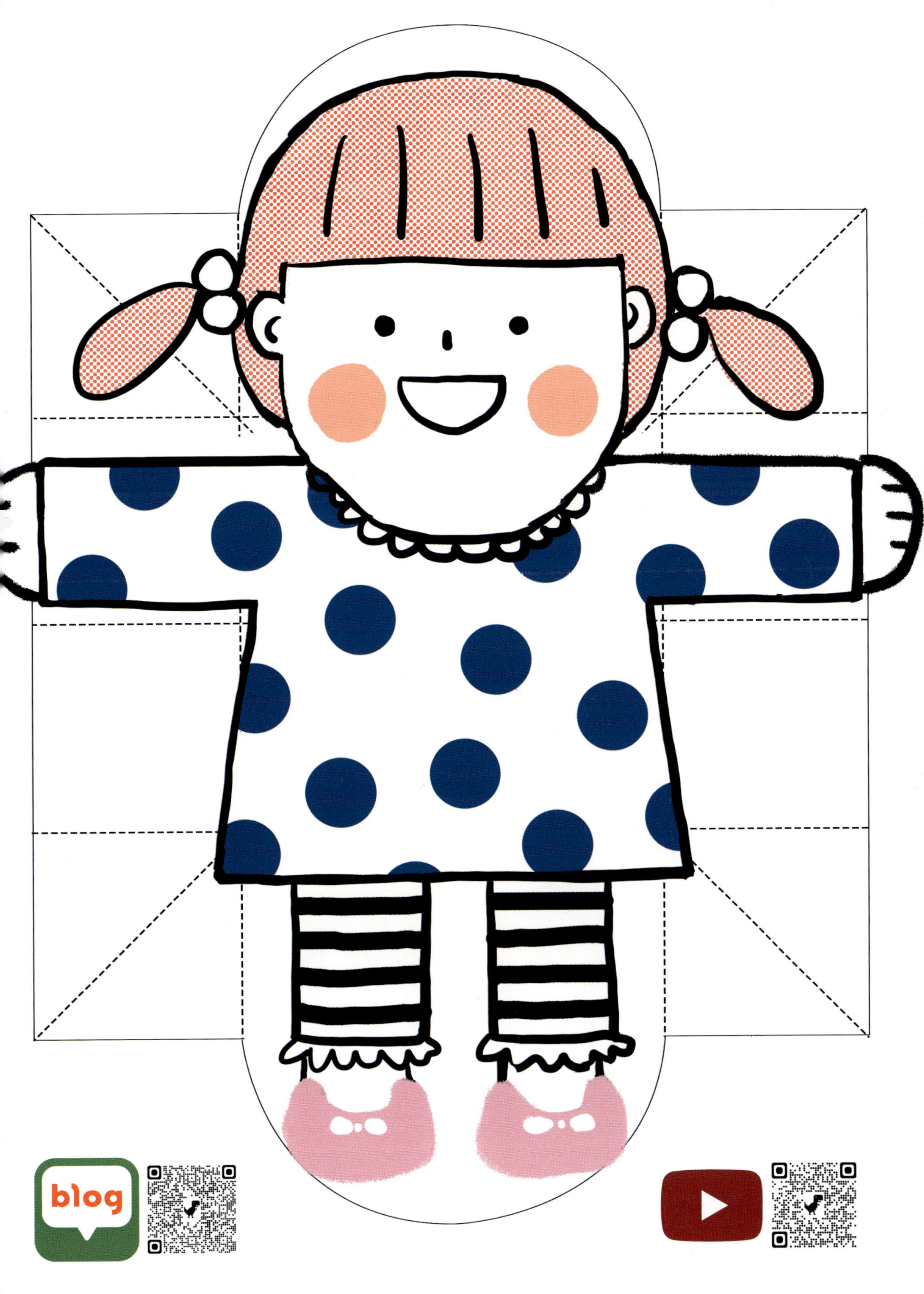

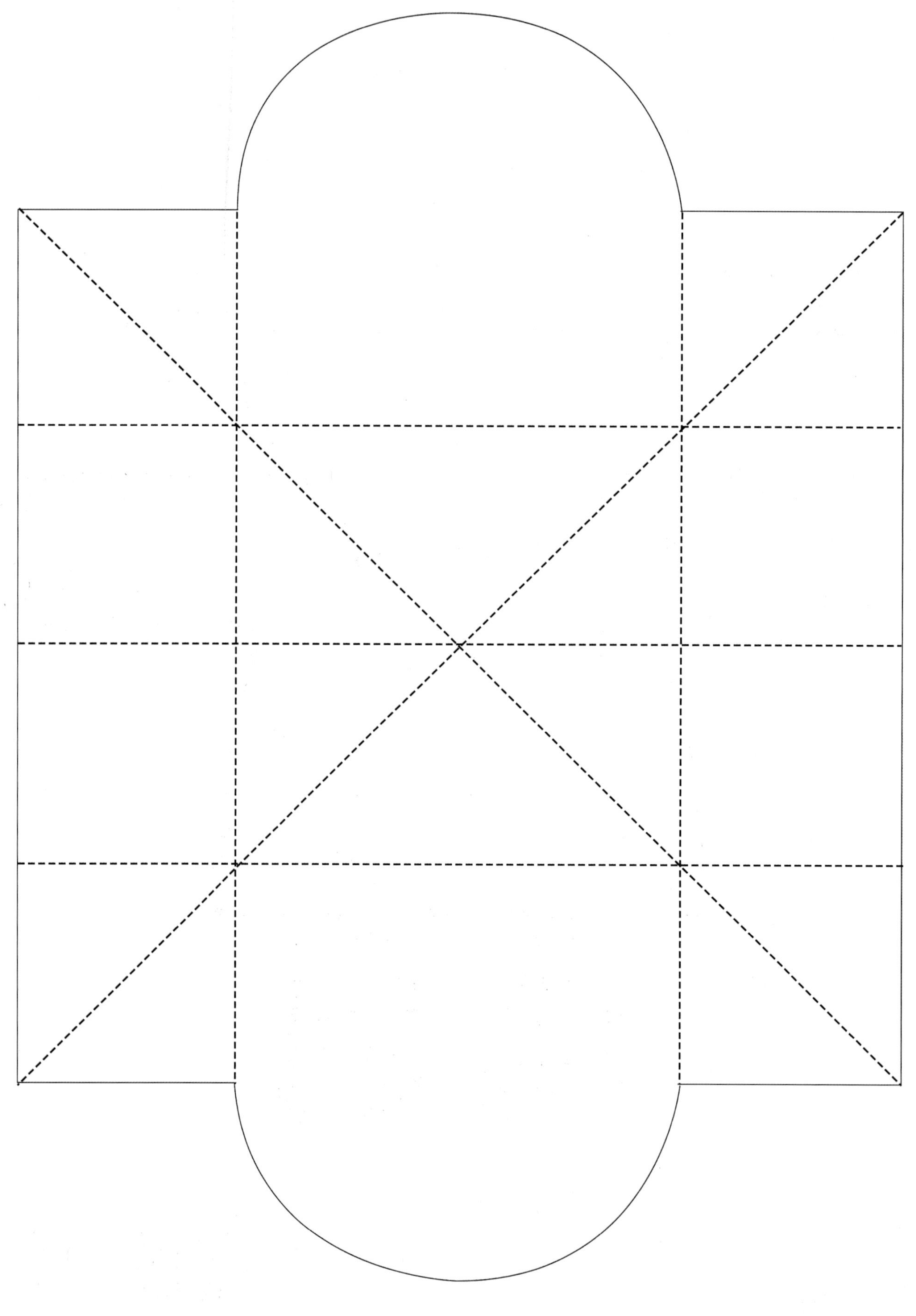

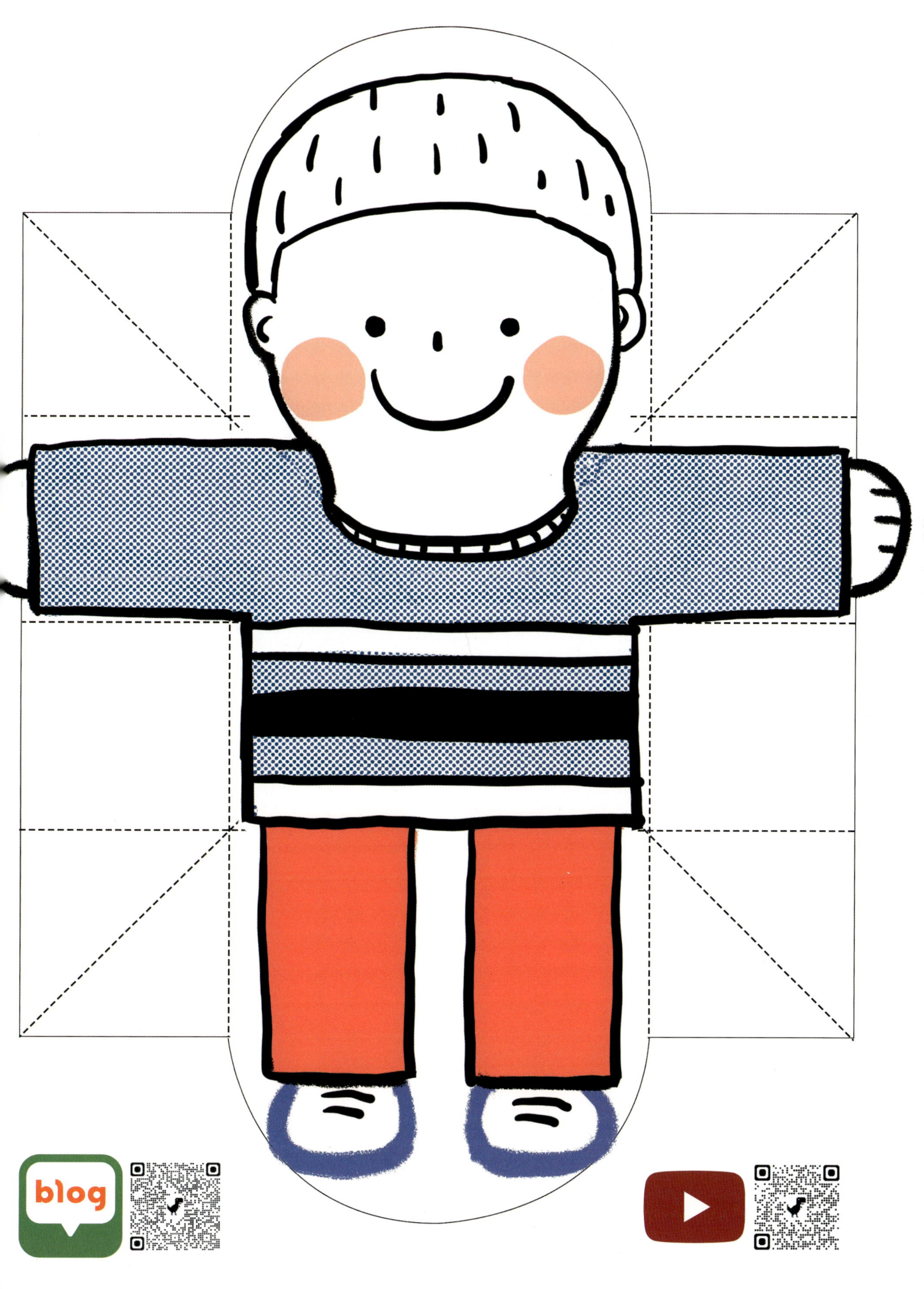
blog

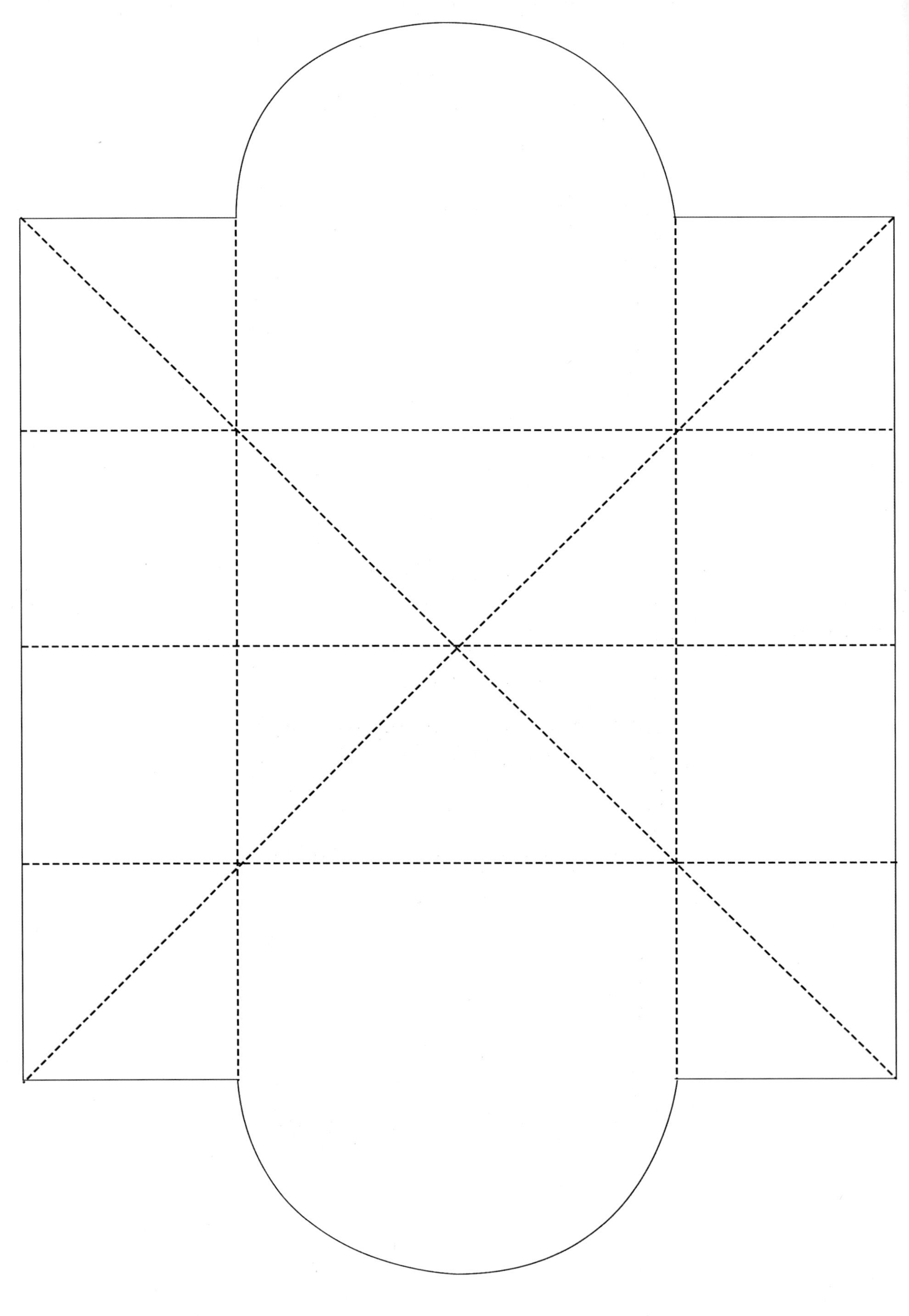

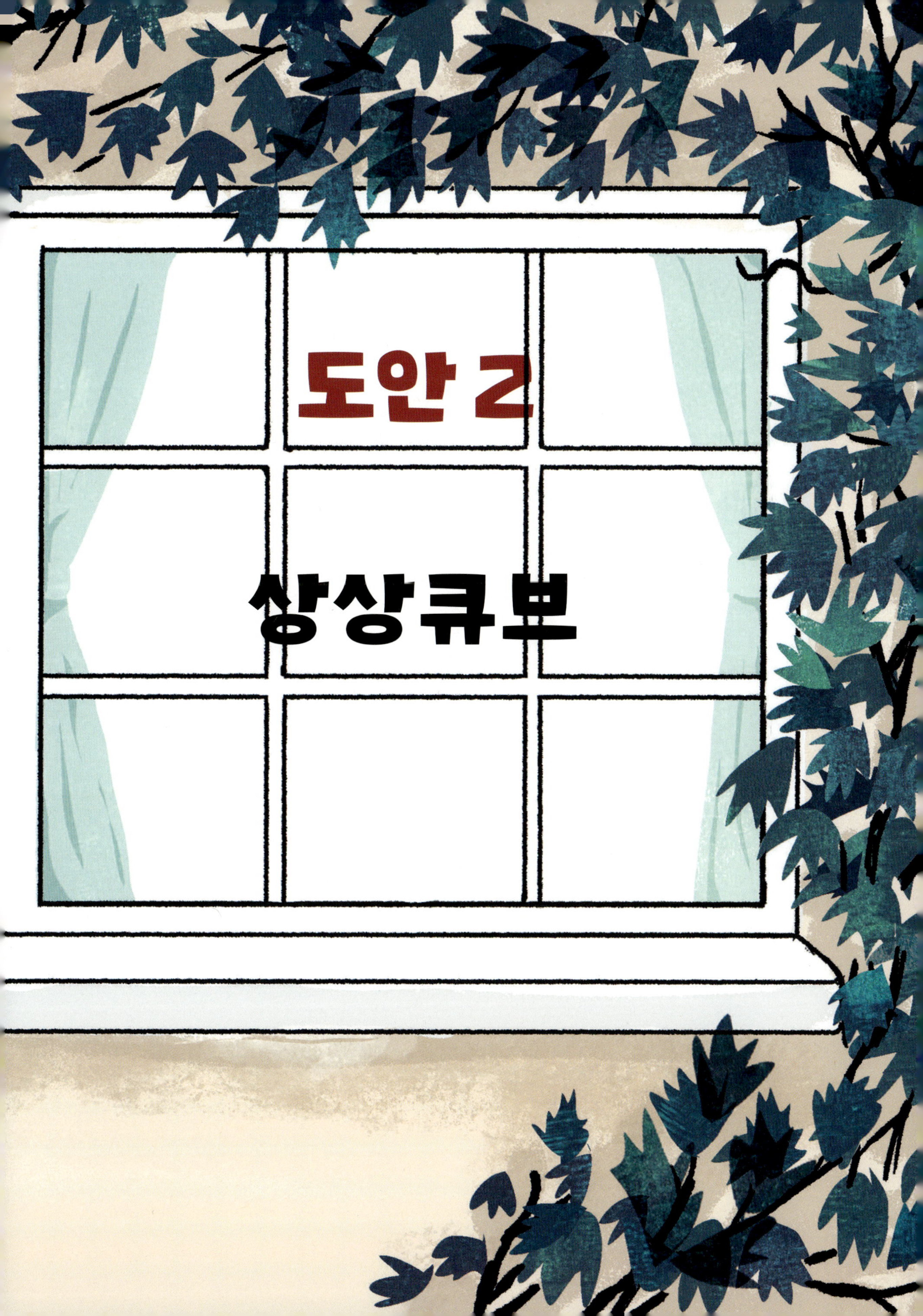

도안 2
상상큐브

"이것은 무엇일까요?"

상상 큐브.
무엇이든 변신 가능!
재밌는 아이디어로 다양한 캐릭터를
만들어주세요.

-------- 밖으로 접기
········ 안으로 접기
──── 자르기

1

2

3

"이것은 무엇일까요?"

상상 큐브.
무엇이든 변신 가능!
재밌는 아이디어로 다양한 캐릭터를
만들어주세요.

--------- 밖으로 접기
.... 안으로 접기
———— 자르기

3

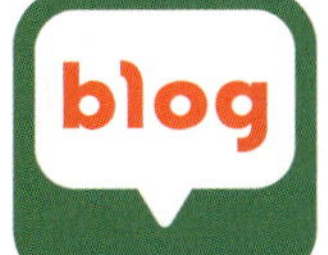

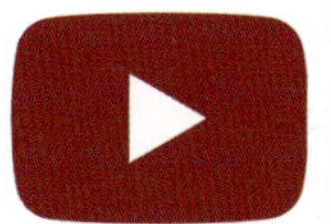

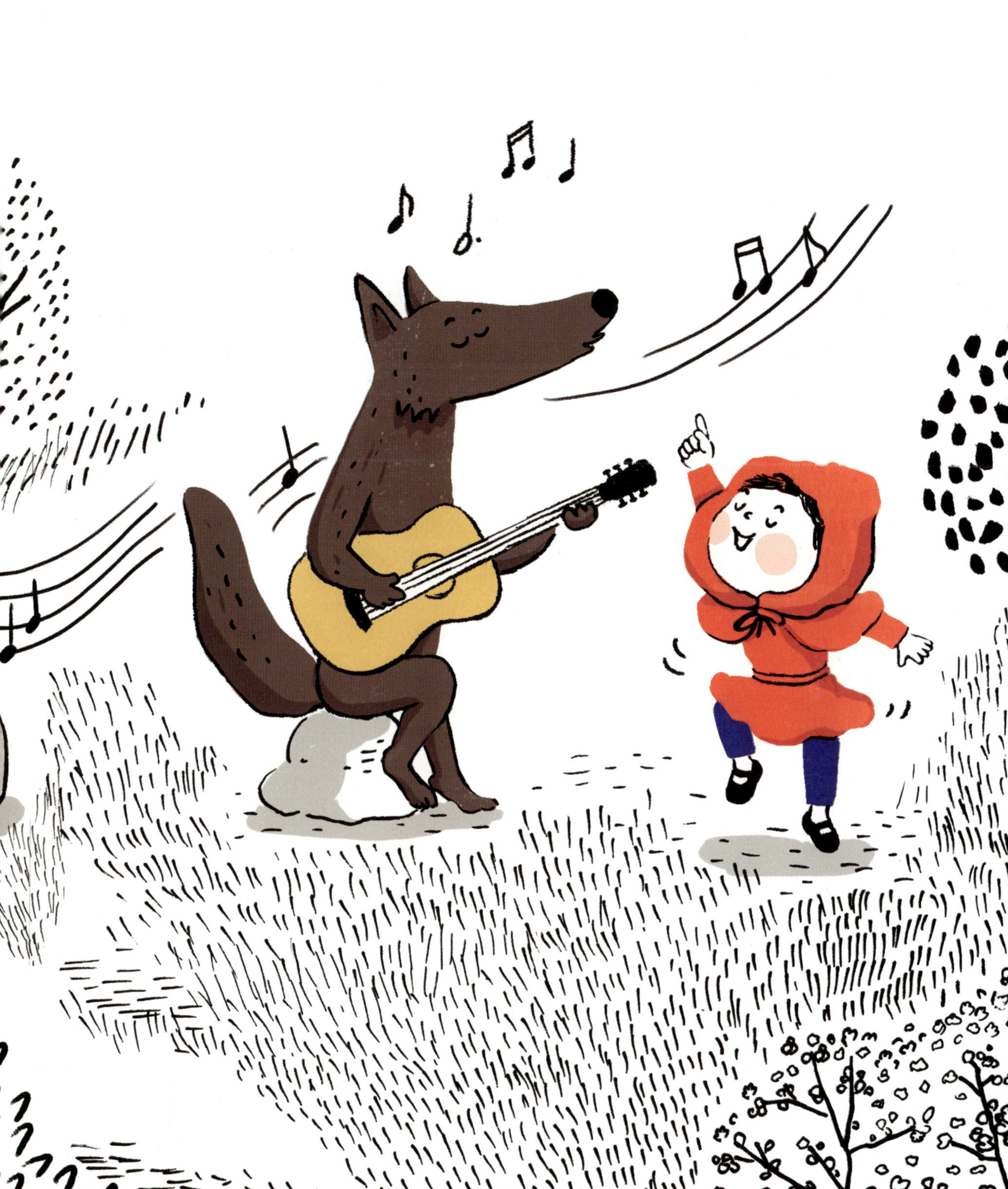

빨간 모자 팝업북
조립법 및 사용법

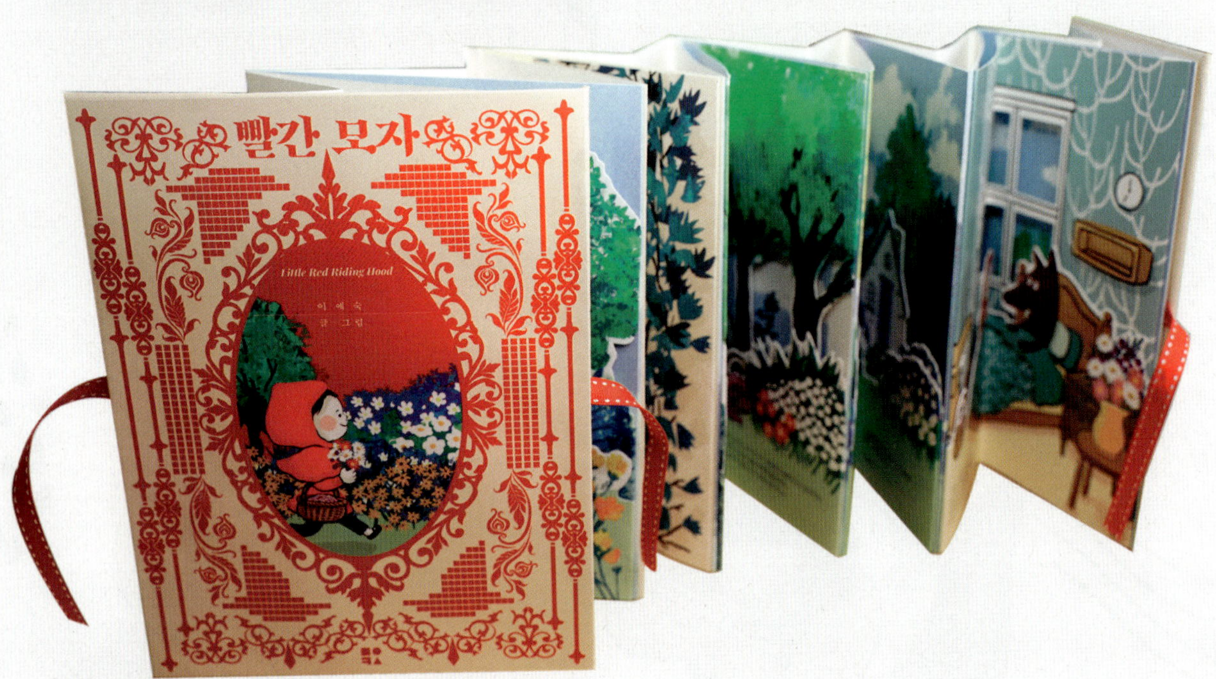

주의사항

조립 전 !

- 조립법, 사용법, 주의사항을 잘 읽은 후 조립하세요.
- 조립하면서 다치지 않도록 주의하세요.
- 작은 부품이 있습니다. 질식 등의 위험이 있으니 삼키지 않도록 주의하세요.
- 안전을 위해 사용법을 반드시 지켜주세요. 또 사용 중 변형된 제품은 사용하지 마세요.
- 부품은 잃어버리지 않도록 주의해주세요. 조립 도중 사용자에 의한 파손, 분실 등은 책임지지 않습니다.

조립 중 !

- 부품에 무리하게 힘을 가하면 구겨질 수 있습니다.
- 양면테이프의 접착력이 강하니, 조심스럽게 붙여주세요.

사용 중 !

- 무리하게 펼쳐서 찢어지지 않도록 하세요.

조립 방법이나 부품 불량 등에 관한 문의는 makersmagazine@naver.com으로 메일 주시기 바랍니다.

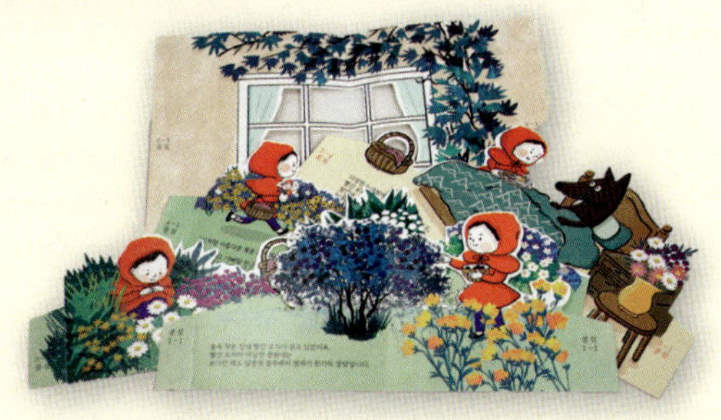

❶ 앞면부품 1 (1-1번 ~ 5-1번)

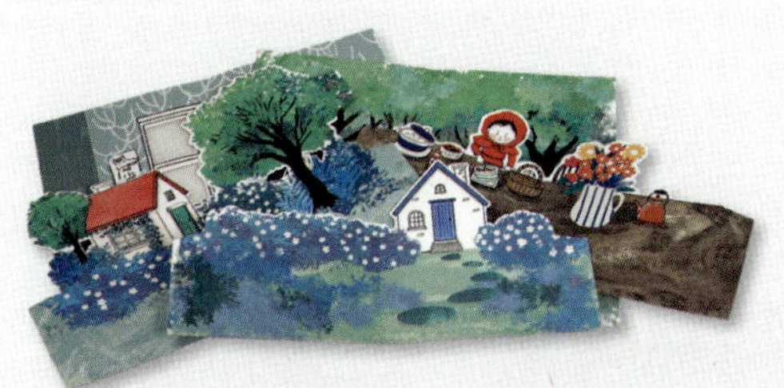

❷ 앞면부품 2 (1-2번 ~ 5-2번)

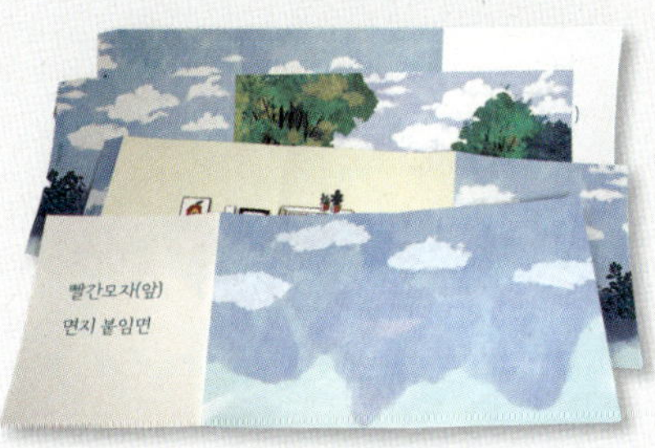

❸ 배경 1 ~ 4

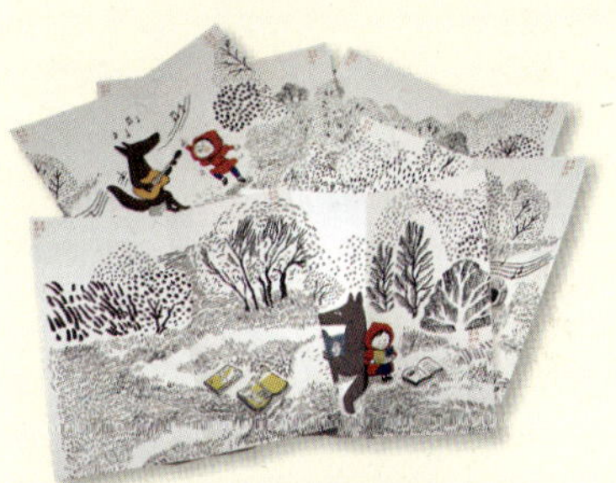

❹ 뒷면 01 ~ 06

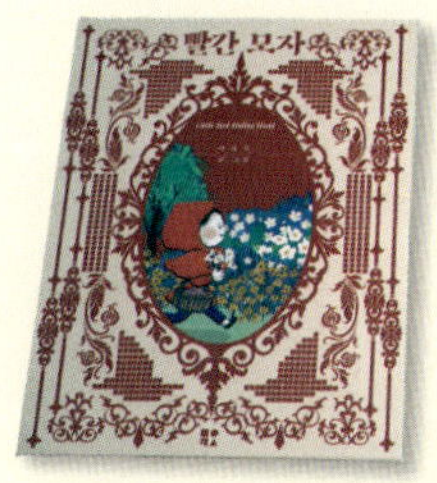

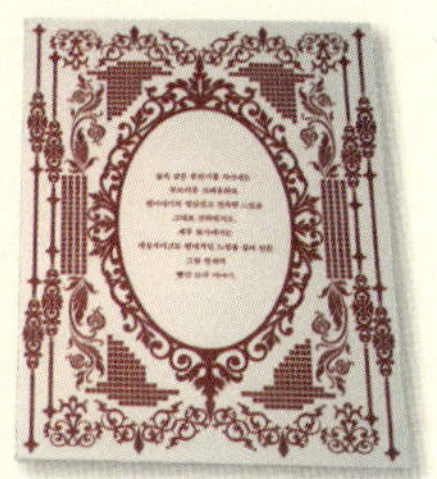

❺ 앞표지, 뒤표지

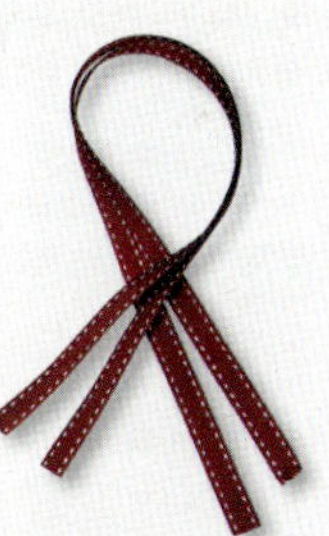

❻ 리본

준비물

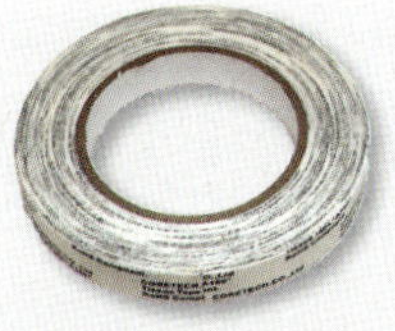

❼ 양면테이프

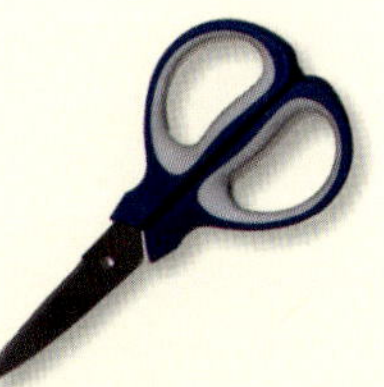

가위

67

먼저 필요 없는 종이 조각을 떼어냅니다.
부품들 곳곳에 있는, 사용되지 않는 작은
종이 조각들을 깨끗이 떼어냅니다.

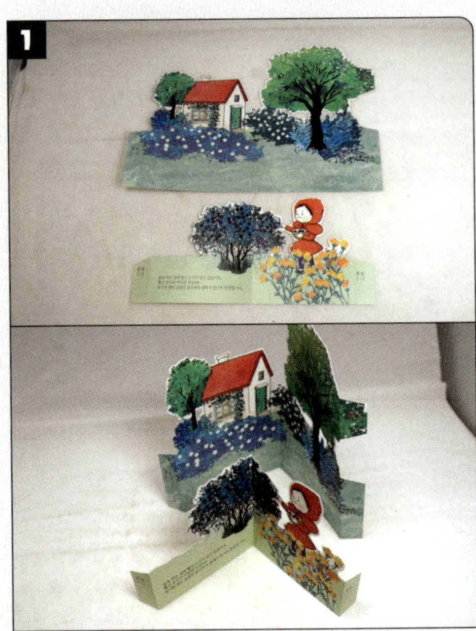

앞면 중 1-1과 1-2를 준비합니다.
준비한 부품을 사진과 같이 접습니다. 앞
에서 봤을 때 가운데는 오목하게, 시접은
볼록하게 꺾이도록 합니다.

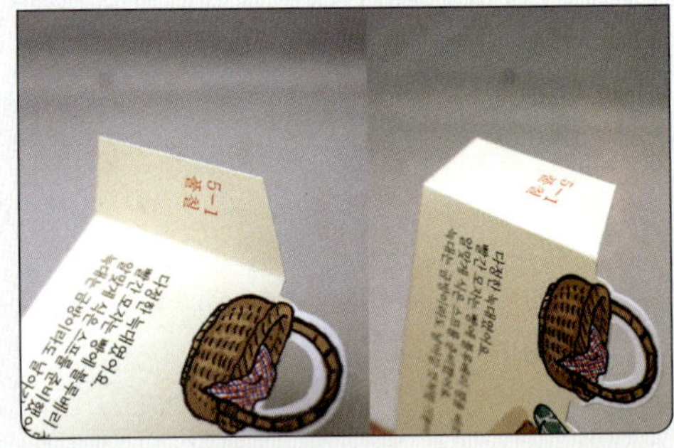

주의 : 시접 부분을 접을 때는, 누름선을
따라 한번 안쪽으로 꺾었다가 다시 바깥쪽
으로 접으면 깔끔하게 접힙니다.

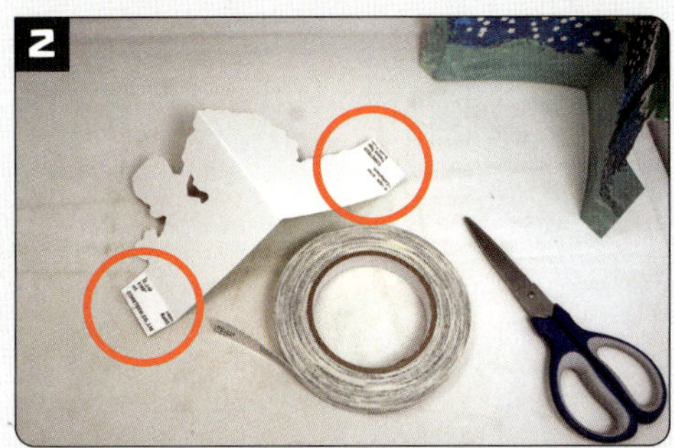

양면테이프를 시접에 붙입니다.
1-1 부품의 시접 뒷면에 양면테이프를 적당한 길이로 잘라 붙입니다.

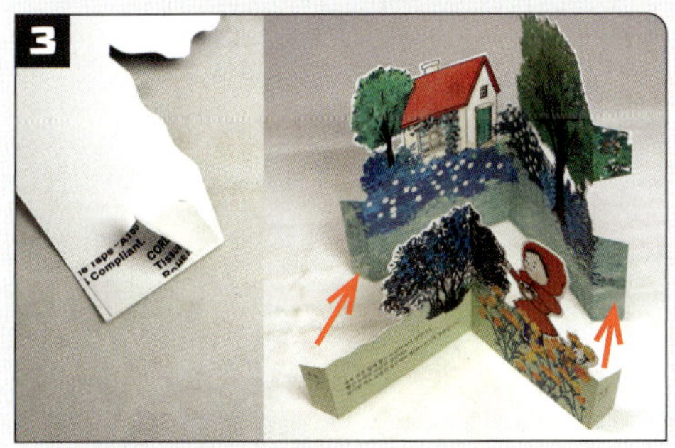

두 부품을 조립합니다.
양면테이프의 보호 종이를 떼어내고, 시접끼리 하나씩 붙입니다.

주의 1 : 양면테이프 보호 종이를 모두 한꺼번에 떼어내지 마세요! 한 번에 여러 개의 시접을 붙이려고 하면, 실수로 엉뚱한 곳에 양면테이프가 붙어버릴 위험이 있습니다. 보호 종이를 하나씩만 떼어, 시접을 하나씩 붙이는 것이 좋습니다.

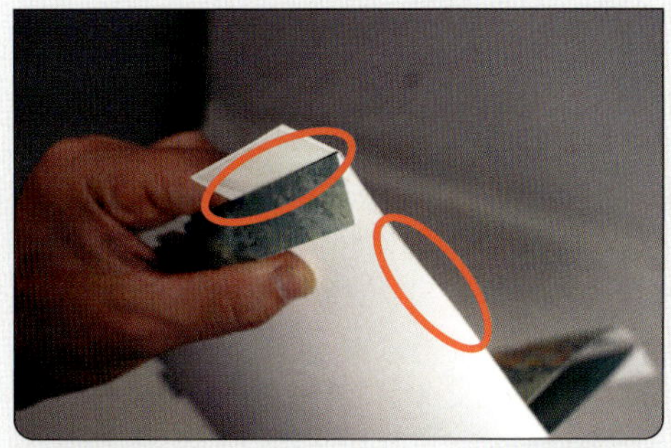

주의 2 : 두 부품의 접힌 선과 모서리를 잘 맞춘 후 붙이면 비뚤게 붙일 염려가 없습니다.

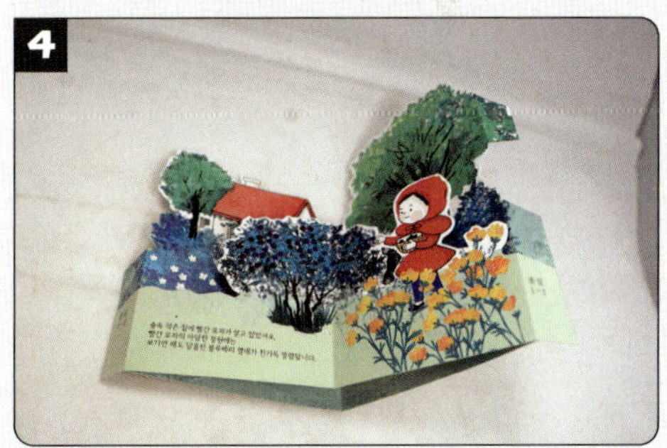

첫 번째 장면을 완성했습니다.

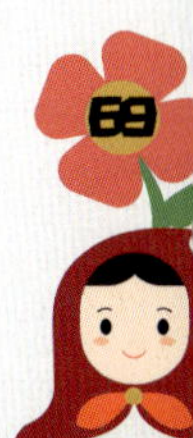

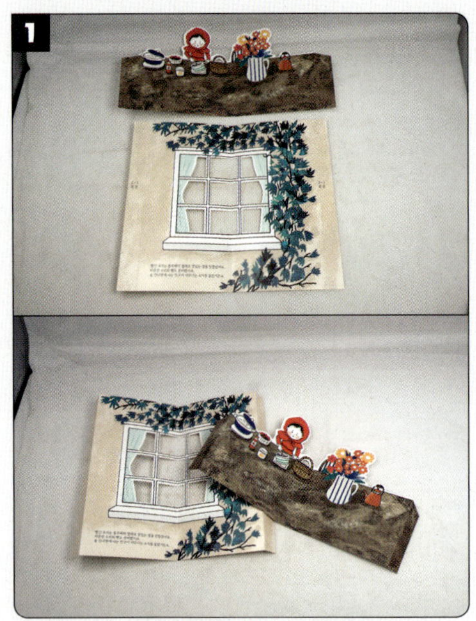

앞면 중 2-1과 2-2를 준비합니다.
앞서와 같은 요령으로 접습니다.

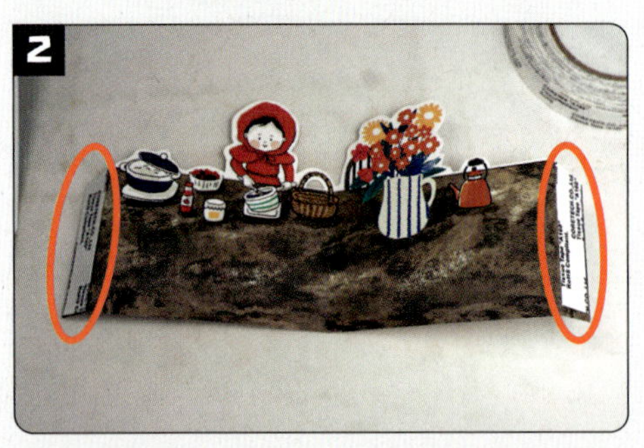

2-2 부품의 앞면에 양면테이프를 붙입
니다.
첫 번째 장면 조립과는 달리, 앞면에 붙입
니다. 뒷면에 붙이지 않도록 주의하세요!

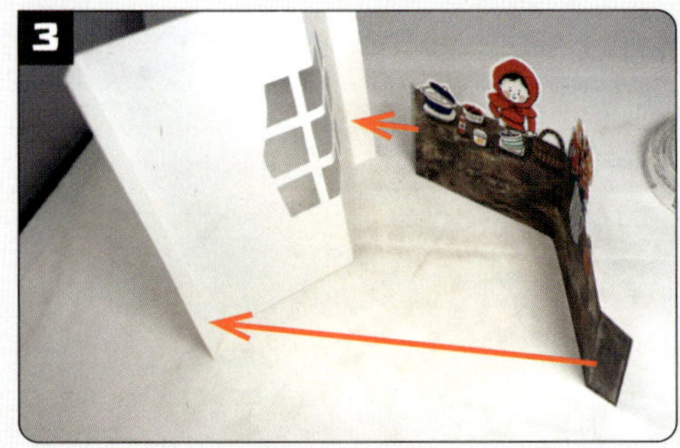

두 부품을 조립합니다.

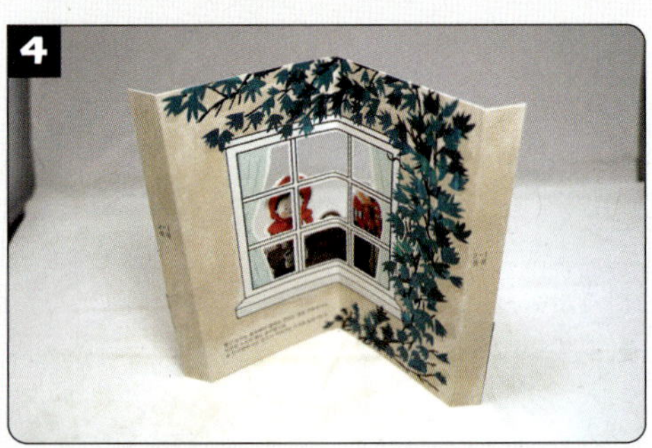

두 번째 장면을 완성했습니다.

1

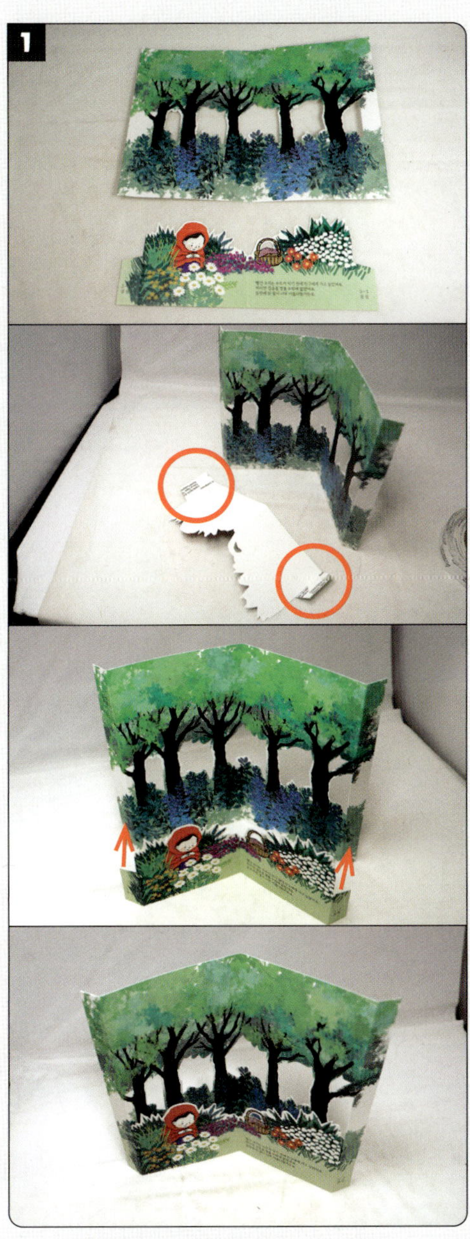

2

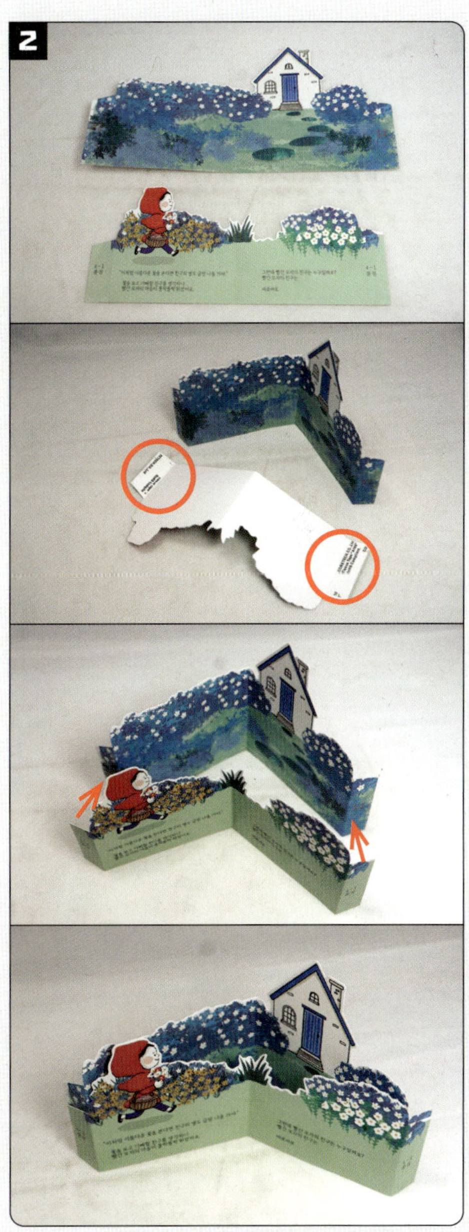

세 번째 장면을 조립합니다.
3-1, 3-2 부품을 준비합니다. 첫 번째 장면과 같은 요령으로 접고 붙입니다.

네 번째 장면을 조립합니다.
4-1, 4-2 부품을 준비하고, 같은 요령으로 접고 붙입니다.

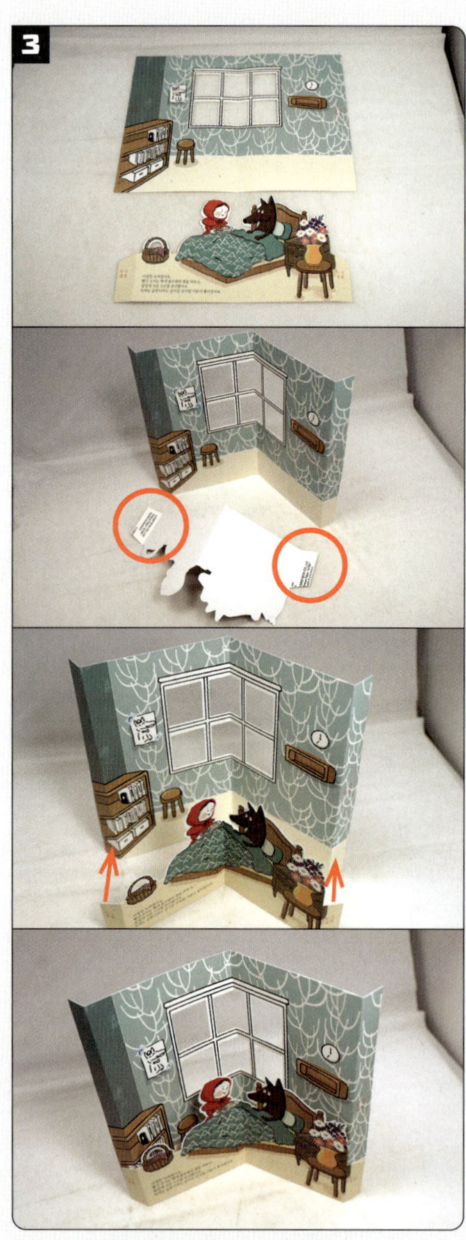

다섯 번째 장면을 조립합니다.
5-1, 5-2 부품을 준비하고, 같은 요령으로
접고 붙입니다.

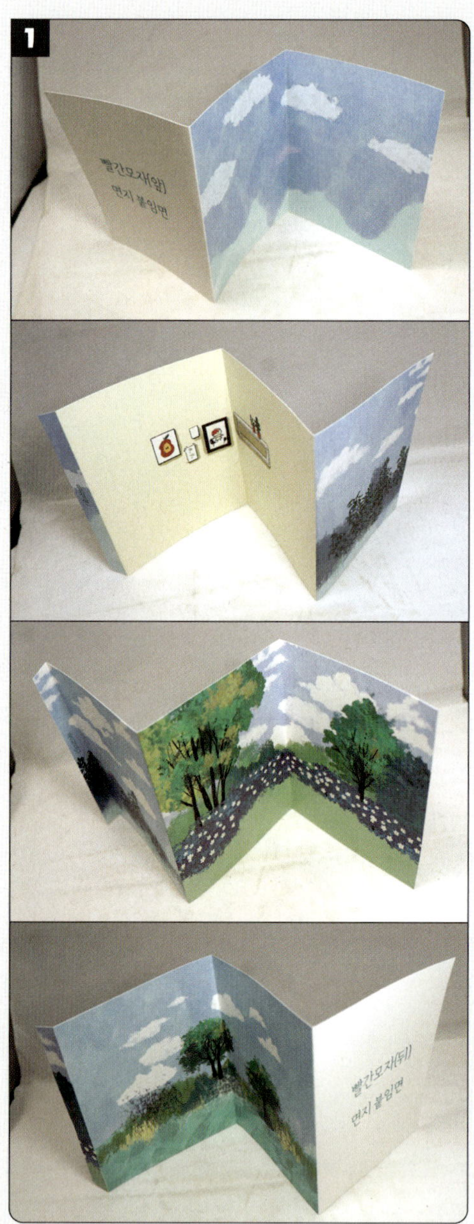

네 장의 배경 부품을 준비합니다.
사진을 참고하여, 접는 방향에 주의하
세요.

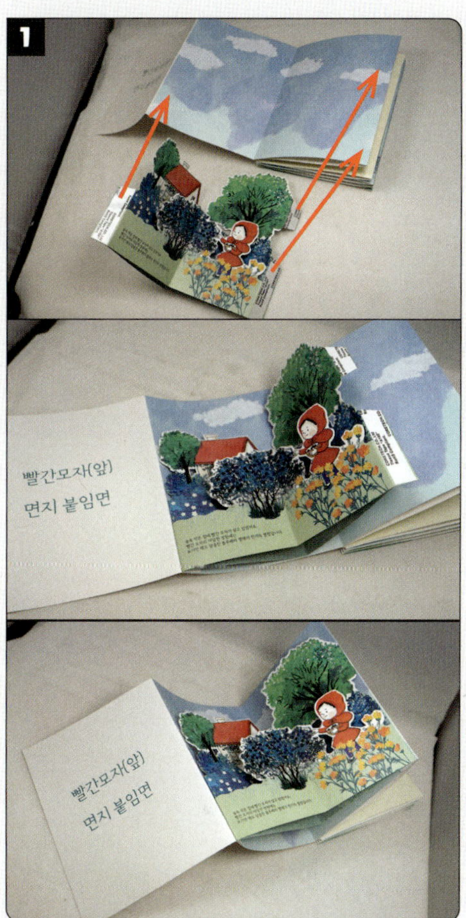

배경에 각 장면을 붙입니다.
아코디언처럼 접은 배경의 첫 번째 면을 폅
니다. 앞에서 조립한 첫 번째 장면부터, 양
면테이프로 배경에 붙입니다.

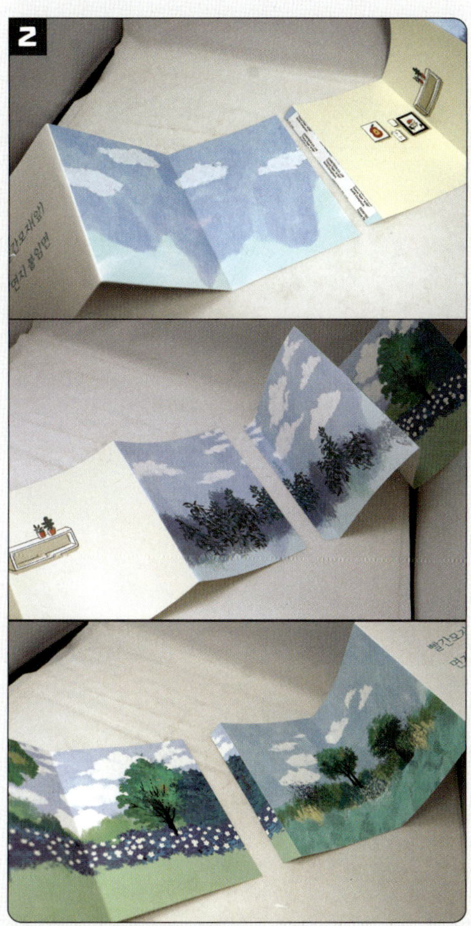

배경을 이어붙입니다.
그림을 잘 보고, 순서가 틀리지 않도록 하
세요.

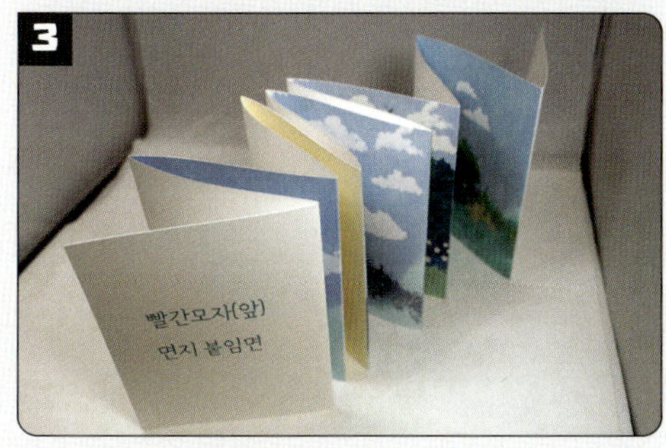

**이어붙인 배경을 아코디언처럼 접어줍
니다.**

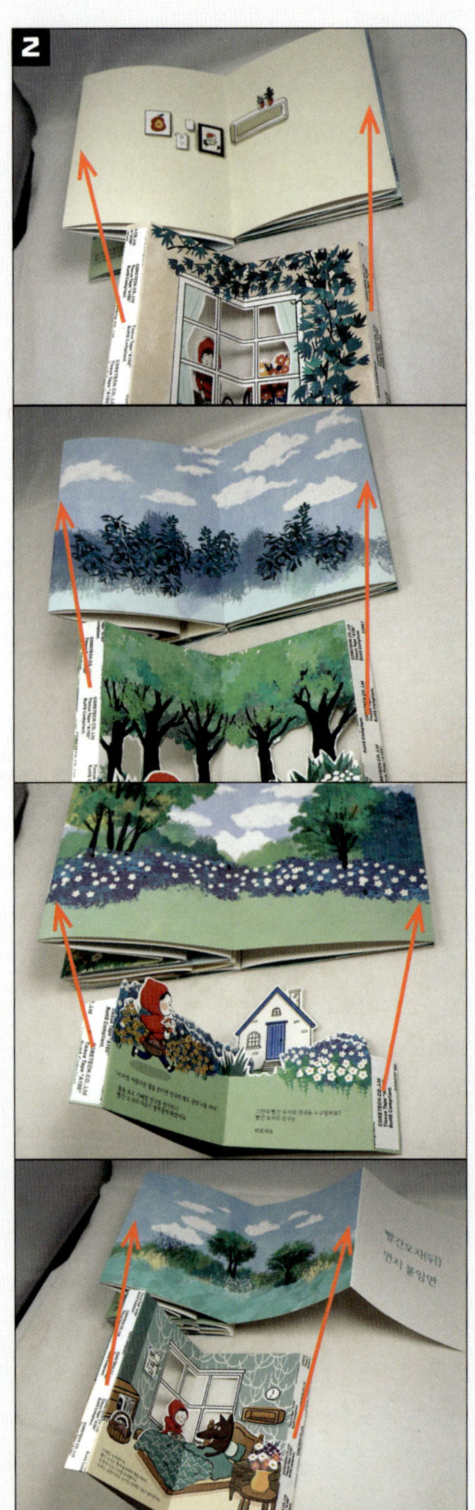

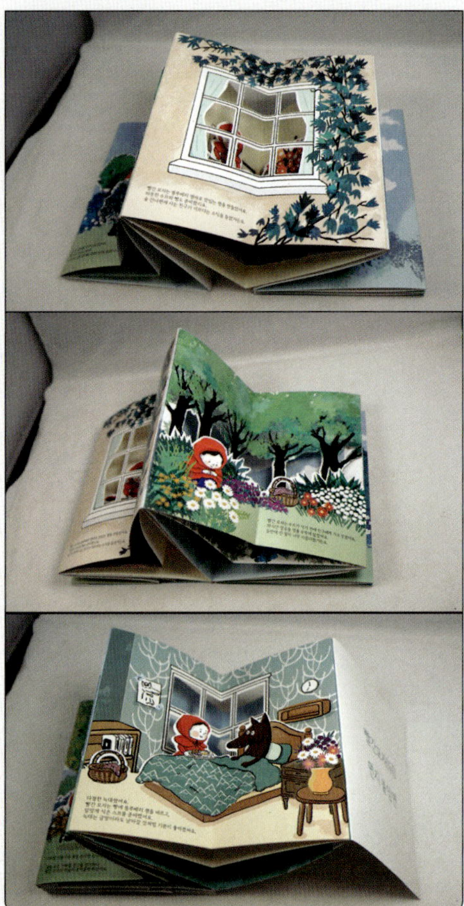

배경에 각 장면을 붙입니다.

접은 배경을 한 장씩 넘기면서, 나머지 장면을 차례로 붙입니다.

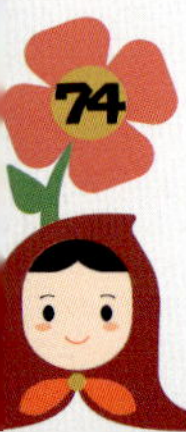

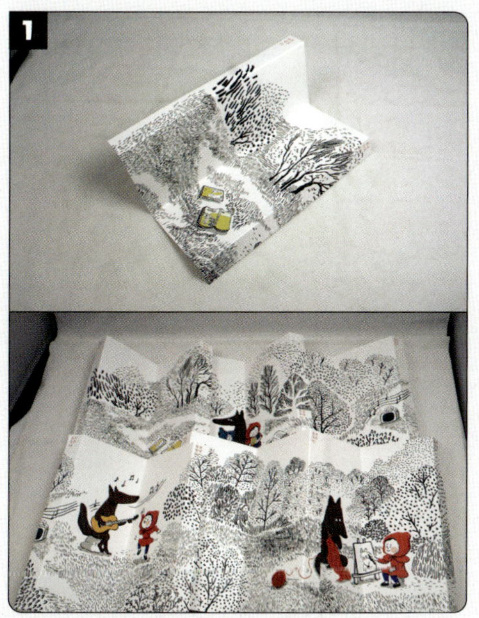

6장의 뒷면 부품을 위와 같이 접습니다.
6장 모두 동일하게 접고, 숫자 순서대로 정리해둡니다.

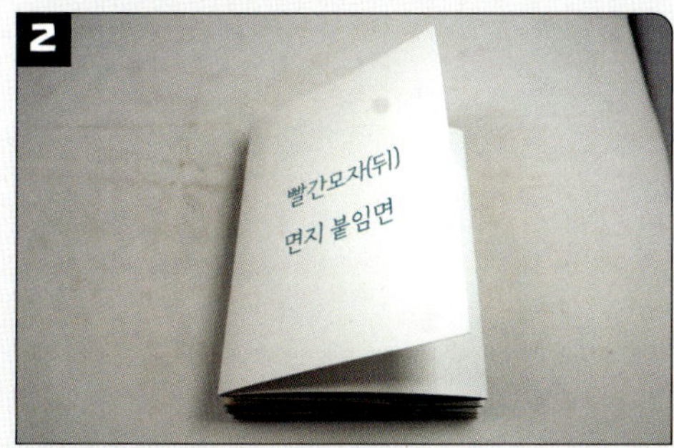

뒷면 그림을 붙입니다.
'빨간모자(뒤)면지붙임면'이라고 쓰인 면이 보이도록 놓고, 뒷면 그림을 차례대로 붙입니다. 6장의 그림은 한 장의 그림으로 연결됩니다. 순서가 바뀌지 않도록 해주세요.

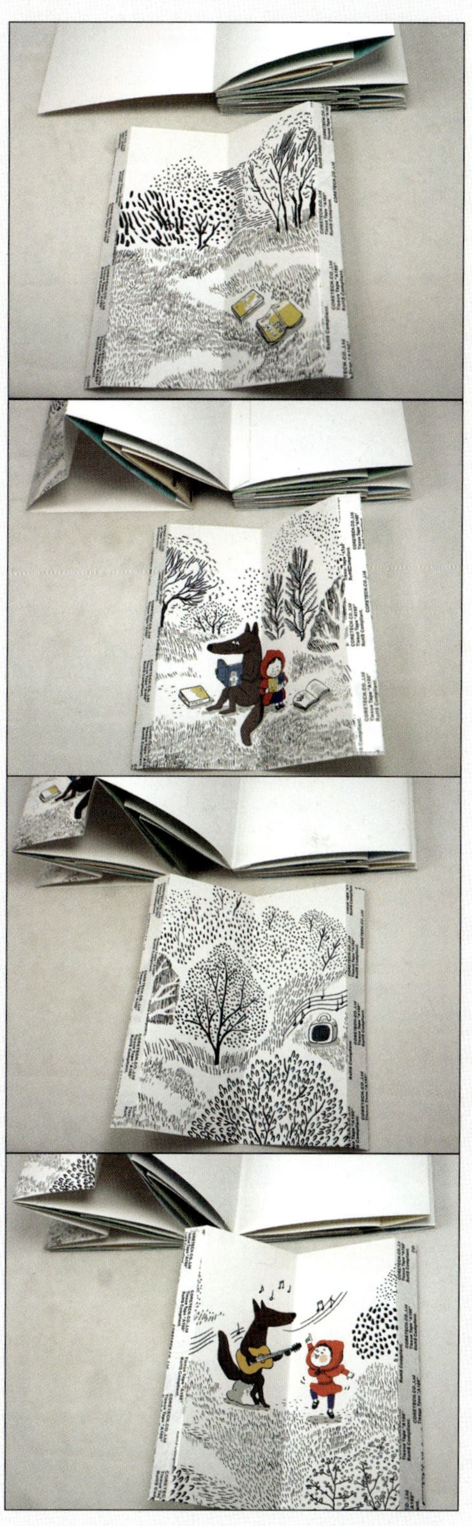

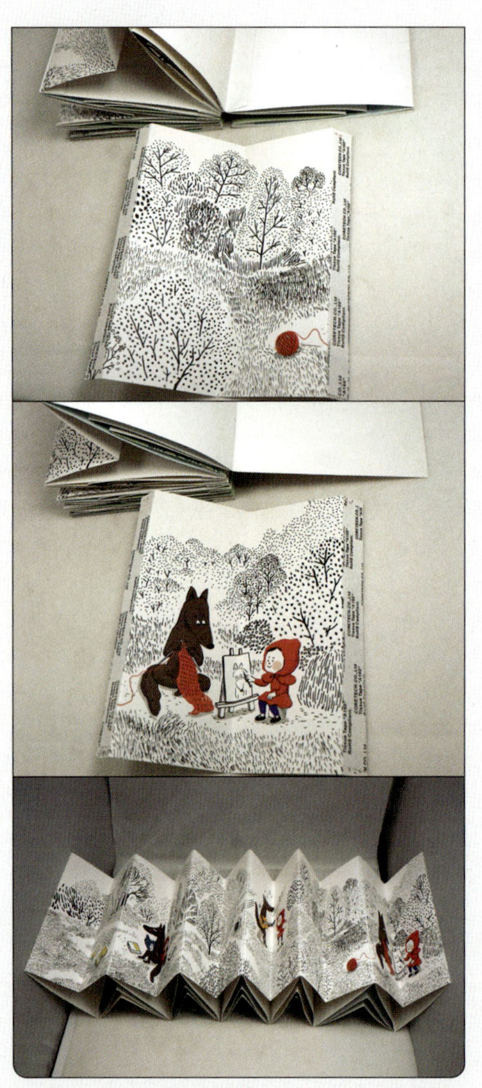

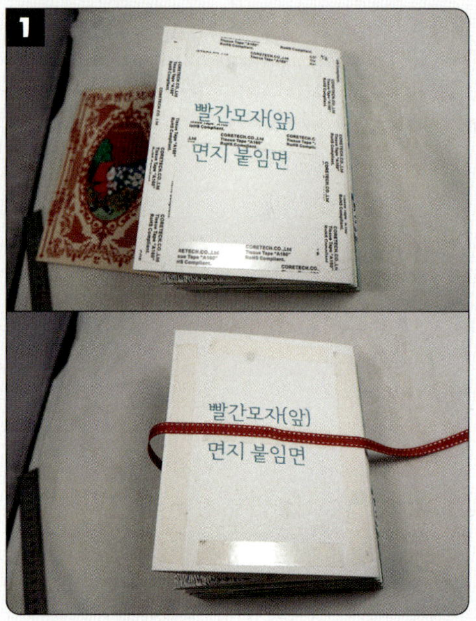

리본을 부착합니다.

'(앞)면지붙임면'이라고 쓰인 쪽에 앞표지가, '(뒤)면지붙임면'이라고 쓰인 쪽에 뒤표지가 붙습니다. 표지가 붙을 면에 양면 테이프를 넓게 붙이고, 리본이 가운데로 오도록 붙여줍니다.

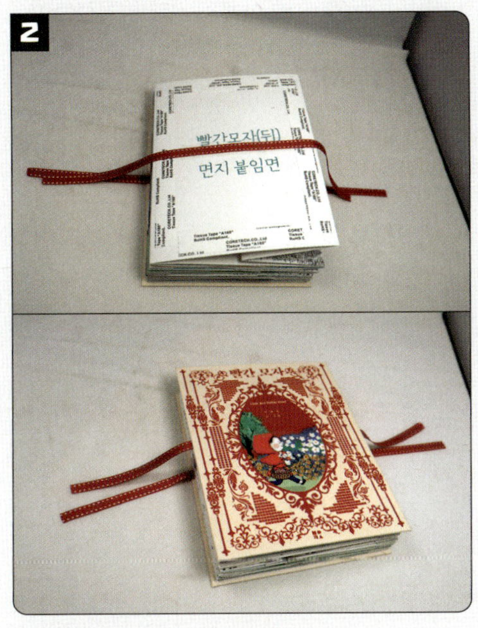

표지를 붙입니다.
가운데에 잘 오도록 맞추어서, 표지를 붙
입니다. 같은 요령으로 뒷면에도 리본들
달고 뒤표지를 붙입니다.

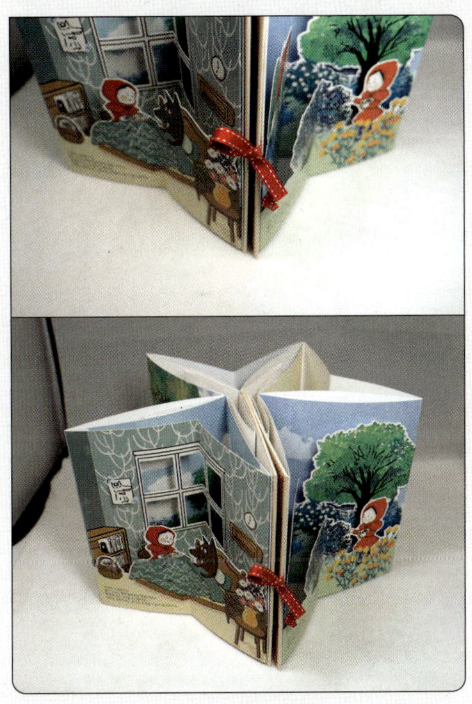

**표지를 한 바퀴 돌려서, 리본을 서로 묶어
줍니다.**

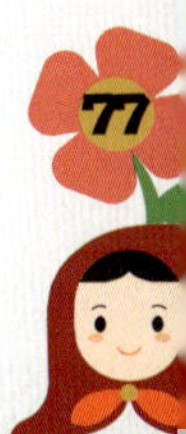

QUIZ TIME!

1 펼치면 그림이 입체적으로 튀어나오는 책을 (   )이라고 합니다. 읽는 재미뿐만 아니라 보는 즐거움까지 선사하는 (   )은 책이면서도, 책을 넘어선 예술 작품이기도 합니다.

 4쪽을 보세요!

2 '빨간 모자' 이야기는 원래 유럽의 오랜 민담입니다. 즉, 입에서 입으로 전해 내려오던 이야기였지요. 이런 문학 작품을 '(   )' 혹은 '(   )'이라고 합니다.

6쪽을 보세요!

3 옛이야기는 어떻게 해석하는가에 따라 묘사가 바뀌며 이야기의 메시지도 달라집니다. (   ) 이야기 역시 현대에 이르기까지 오랫동안 전해 내려오며 다양한 방식으로 재해석되어 왔습니다. 우리가 만드는 '(   ) 팝업북'도 현대 어린이의 시선에 맞춰 새롭게 풀어낸 작품입니다.

6쪽, 18쪽을 보세요!

4 우리는 간혹 선입견만으로 타인을 판단하고, 나를 위협하는 존재로 단정하기도 하죠. 이예숙 작가의 빨간 모자 이야기는 서로를 이해하려는 마음을 가지면 (   )을 넘어 친구가 될 수도 있다는 가능성을 이야기하고 있습니다.

🌸 9쪽을 보세요!

5 17세기 프랑스 작가인 (   )는 입에서 입으로 전해 내려오던 '빨간 모자' 이야기를 처음 글로 정리한 사람입니다. 그는 『신데렐라』,『장화 신은 고양이』 등도 글로 남겼습니다.

🌸 6쪽, 14쪽을 보세요!

6 『(   ) 동화』로 유명한 독일의 (   ) 형제는 원래 언어를 연구하던 학자였습니다. 그들은 독일 곳곳의 민담을 수집, 정리였습니다. 우리가 가장 잘 아는 '빨간 모자' 이야기는 (   ) 형제가 결말을 바꾼 이야기에요.

🌸 6쪽, 14~15쪽을 보세요!

7 중국 민담 〈녹두 아가씨〉 이야기는 실크로드를 지나며 문화·사상이 가미되어 〈신데렐라〉가 되었습니다. 또, 한반도로 전해 지며 불교의 환생·유교의 권선징악이 강조된 (   )가 되었습니다.

🌸 25쪽을 보세요!

8 113세기 영국의 수도사였던 매튜 패리스는, 읽는 사람이 손으로 돌리면서 볼 수 있는 (　　　)장치가 포함된 책을 만들었어요. 이것이 흔히 최초의 '움직이는 책'으로 일컬어지고 있습니다.

🌸 28~29쪽을 보세요!

9 르네상스 시대, 팝업북은 과학의 발전과 함께했습니다. 1543년에 (　　　)가 펴낸 『인체의 구조』라는 책은 과학의 역사에서도 중요한 저작이지만, 팝업북 기술의 발전에서도 중요한 작품입니다.

🌸 30쪽을 보세요!

10 (　　　)세기는 팝업북의 전성기였습니다. 이 시기에는 팝업북이 단순한 동화책을 넘어, 상상력과 기술이 결합된 복합 예술로 자리 잡았어요. 아이들뿐 아니라 어른들도 열광할 만큼 매력적인 매체로 발전했답니다.

🌸 32~34쪽을 보세요!